Aritmofobia

Como curar o horror da Matemática

Cacildo Marques

Copyright © 2018 Cacildo Marques - All rights reserved

Published firstly in English as:
Arithmophobia – How to Heal the Horror of Mathematics

ISBN: **978-1729731161**

Desenho de capa: Cacildo Marques

Marques, Cacildo
Aritmofobia: Como curar o horror da Matemática/ Cacildo Marques. Maryland, 2018.

119 p.
ISBN: **978-1729731161**

1. Educação Matemática. 2. Ansiedade Matemática. I. Title
DDC 510.71

Aritmofobia

Como curar o horror da Matemática

Cacildo Marques

ÍNDICE

	Prefácio	viii
0	Prolegômenos	1
1	Falha geral	4
2	Matemática como jogo	15
3	A passagem	21
4	Operações elementares	33
5	O fiasco da Matemática Moderna	39
6	Correção da linguagem	41
7	Axiomas de Peano	51
8	Fortes morivos	56
9	A força da Geometria	85
10	A etiologia	93
11	Casos de resgate	100

Prefácio

Em geral o aluno não confessa que tem medo de Matemática. O que tem algum problema com a matéria diz: "Não gosto de Matemática".
Sempre que alguém me dizia isso eu perguntava: "Gostas de respirar?" Achavam despropositada minha pergunta. Eu explicava: "Ninguém se pergunta se gosta ou não de respirar, porque respirar é vital". Então eu dizia que Matemática não é tão vital quanto a respiração, mas é quase isso. Nenhum progresso que se preze existe sem Matemática por trás.
Em meus tempos de sala de aula de ensino básico, principalmente no Ensino Médio, acompanhei a derrocada do nível da educação e o consequente aumento da rejeição à Matemática. Via essa recusa ao aprendizado da matéria como um problema cultural, sem levar em conta que ele pudesse ser interpretado como um transtorno psíquico. Pesquisadores dos Estados Unidos concluíram que sim, é um transtorno, não é só uma questão de preferência, como gostar ou não de futebol, gostar ou não de jazz.
Pode parecer que essa informação é uma má notícia para os que não se dão bem com as provas de Matemática, mas é o contrário. Como uma doença, a rejeição à Matemática está no rol daquelas que são facilmente curáveis.
Como contribuição ao tema, apresento este livro. Nele trato das operações mais básicas da Aritmética, sem preconceito e sem receio de ser visto como uma pessoa que se dá ao trabalho de deixar de lado, por alguns momentos, tópicos de Matemática avançada para preocupar-se com o abecedário do assunto. Os que desprezam essa atitude simplesmente cedem à visão torta do materialismo vulgar. Na área médica, a escolha entre ser pediatra ou ser geriatra não diminui nem eleva o profissional. Na didática, muitos acham que o que trabalha com crianças e adolescentes fica diminuído, mas tal interpretação é baseada apenas na diferença salarial. Se Ludwig Wittgenstein não se preocupou com as mentes pequenas, quando dedicou a vida a lecionar para as crianças, tampouco nós devemos estar abalados por causa dos arrogantes.
Condorcet, como o leitor verá mais abaixo, deu-me a inspiração para desenvolver a abordagem que apresento aqui. Se temos preconceito contra a Aritmética elementar, então estaremos alimentando o horror à Matemática por parte das vítimas do transtorno. Para superar este e tantos outros problemas, é necessário abrir não somente os olhos, mas também a mente, ao mesmo tempo.

Cacildo Marques, Novembro 2018.

Aritmofobia

Como curar o horror da Matemática

Cacildo Marques

0. Prolegômenos, ha-ha!

Vamos deixar para abordar a "etiologia" do problema um pouco mais à frente, mas adianto aqui a importância de atentar para o fato de que, como é sabido por todos, há um foco de aritmofobia partindo da cultura ibérica, que atinge gerações luso-hispânicas e também descendências que crescem em culturas tão distintas daquela como a alemã, a húngara e a norte-americana.

Como fiz no livro Ensino Médio Flexibilizado, de 2017, uso aqui a primeira pessoa, ao contrário de quaisquer outros ensaios que publiquei, porque estamos em terreno que envolve muita experiência pessoal, e o distanciamento da terceira pessoa traria algumas travas na interação entre mim e ti, leitor, sobre tema que necessita de uma conversa tão informal quanto possível.

Num encontro sobre Educação Matemática que promovi com colegas quando éramos formandos na graduação, apresentei em discurso a questão da dificuldade de ensinar Matemática em país que herdou a rejeição pelo assunto, o que produz nos adolescentes o problema psíquico que nos Estados Unidos recebeu o nome de "mathematical anxiety", que, traduzido ao pé da letra, dá "ansiedade matemática", expressão que não dá conta de toda a dimensão do transtorno. Não devemos ter prurido em classificar a coisa como transtorno psíquico, pois sabemos que alguns tipos de transtornos são herdados culturalmente.

A experiência de quem militou anos no ensino de Matemática mostra que a tal "ansiedade" vem da recusa a absorver conteúdos aritméticos, de modo que resolver o problema da rejeição aos números no jovem cura o "horror da Matemática" em geral.

A vantagem de sofrer de aritmofobia frente ao infortúnio de carregar transtornos psíquicos mais graves é que esta "enfermidade" de que falamos aqui é facilmente dissolúvel, sem necessidade de medicamentos, psicanálise ou castigos. Não se estranhe a referência a este último método, pois, até o ano de 1907, quando Maria Montessori fundou em Roma a escola Casa dei Bambini, ele era usado na escola e no lar sem questionamentos, a não ser por um ou outro aluno rebelde.

Descrição. Façamos um pequeno diagnóstico do caso.

Antes, é importante levar em conta que a aritmofobia cresce entre os jovens na razão direta do abandono do ensino da Geometria no sistema escolar, mormente no sistema público. Com isto estou antecipando, estratégica ou tolamente, uma pista sobre o método de tratamento.

Se há bom ensino de Geometria - se possível, também o de Música -, temos um indício de que a educação está sendo cuidada com muito zelo no país, ou na província, em questão. E se ele ocorre, competentemente, desde os primeiros anos escolares, será raro o caso do aluno "portador" do transtorno da aritmofobia.

Quando é rarefeita ou inexistente a base de aprendizado de Geometria por parte dos alunos que têm de estudar, por exemplo, a Álgebra do Ensino Médio, tem-se um número substancial de adolescentes acometidos de "ansiedade matemática".

Na véspera da prova de Matemática o aluno mantém-se em estado de tranquilidade, mesmo sabendo que, sem ter tido ânimo para estudar, terá resultado péssimo, se, de fato, tentar resolver as questões que o professor apresentar. Os pais não estão sabendo que no dia seguinte haverá essa prova, pois, do contrário, aplicando cobrança de responsabilidade no adolescente, simplesmente farão aflorar antes da hora a manifestação do problema, embora de modo distinto daquele que ocorrerá na frente do mestre. Uma possibilidade é o jovem ser acometido de disenteria, seja já na véspera, seja algumas horas antes no próprio dia da prova.

Se não existiu nenhuma pressão anterior, o aluno entra em sala de aula sem nenhum abalo psicológico. O pavor surge quando o professor entra com o pacote de provas. Ou quando começa a escrever as questões na lousa, se este for o caso. É algo parecido com o que sente o indivíduo muito tímido que tem de subir ao palco e fazer um discurso. Aqui, o rapaz faz o discurso, com risco de gaguejar, engasgar ou perder a voz, mas fisicamente ninguém nota nada de esquisito. Com a aritmofobia, não. Assim que o aluno vê o papel da prova, ou vê a primeira questão ser iniciada na lousa, ou até mesmo alguns minutos antes, a cor da pele muda. É como se o sangue saísse das veias. Ele tanto pode ficar branco quase como uma folha sulfite como pode ficar com uma cor esverdeada. Como há de fato uma alteração na pressão sanguínea, ele percebe que está passando mal. Se o professor insistir em que ele faça a prova, pode complicar a situação. O mais sensato é considerar que o aluno está mesmo sem condições físicas para continuar sua atividade acadêmica naquele momento e adiar a aplicação da prova. Deve, obviamente, conversar com o aluno, tranquilizando-o, tentando de todo modo tirar dele o medo ante aquele conteúdo desenvolvido. O fato de ele perceber que terá mais tempo para se preparar, se resolver mesmo encarar a situação, já serve como um ponto de apoio.

O ideal, certamente, é que o aluno seja curado. E que não surjam novos casos parecidos.

Se o leitor está vendo algum exagero na descrição acima, uma vez que deve conhecer pessoas com aritmofobia que são livres de desarranjos físicos, garanto que não é exagero. Essa é a forma mais avançada do transtorno. O jovem que está passando mal diante da visão da prova que ele deveria fazer, pode passar pela necessidade de cuidados hospitalares. Não se deve entender como uma situação simples, sempre superável com um pouco de água com açúcar para acalmar.

A situação do aluno que não demonstra mudança no aspecto físico, nem de mudança de cor nem de tremor, nem de qualquer outro aspecto, mas que cultiva grave rejeição à Matemática, como esses que entregam sistematicamente a prova em branco, dizendo "não sei nada", ou "não gosto da matéria", essa situação é muito mais disseminada. Esses jovens têm autocontrole, montado na percepção de que fazem parte de uma corrente, a dos que "odeiam Matemática". É como se fizessem parte da torcida de um time de esporte, que fortalece e ampara psicologicamente um ao outro membro. E existe, é claro, o aluno que nem sabe de outros vitimados por aritmofobia (caso raríssimo), mas que tem seu autocontrole, e não faz "drama" antes da prova.

O entendimento de que o aritmófobo faz "drama" é equivalente ao daquele familiar que imagina que seu parente com problema de depressão está fazendo gênero. É óbvio que há drama, mas não se trata de fingimento ou exagero. É problema mesmo, tanto na depressão quanto na aritmofobia.

Há um complicador no acompanhamento dos casos do aluno propenso a desenvolver a aritmofobia recebida do meio social, e este é o fato de que a dificuldade que ele tem com o aprendizado pode transcender a rejeição aos números. Aqui, dilui-se a nuvem escura observando-se o desempenho do aluno em outras disciplinas de raciocínio, como língua estrangeira, desde que a avaliação nesta disciplina siga a curva normal, premiando os estudiosos e "punindo" os "inadimplentes". Se o professor da disciplina de comparação não leva a sério a avaliação, atribuindo nota alta aos estudiosos e também aos que assinam trabalho alheio, então se descarta esta e procura-se outra. Pode ser a própria língua materna, se a avaliação nela é eficiente, atenciosa. Senão, usa-se a área de ciências naturais - no caso do Ensino Médio, Biologia, por exemplo, que não depende muito de números.

1. Falha geral

Se o aluno tem mau desempenho geral e só consegue obter nota via fraude ou nas disciplinas cujos professores sejam muito condescendentes na avaliação, então estamos diante de um aluno que não consegue aprender uma língua estrangeira, ou a interpretação de uma partitura. É um aluno que lê um parágrafo de quinze palavras e não consegue saber o assunto tratado ali, embora esse último fato não deva ser usado como critério, conforme veremos depois. Não espere o pai dele que em Matemática ele tenha grande sucesso, embora a possibilidade exista.

O aluno pode estar vivendo uma fase de ausência de "animal spirit", de completa falta de ânimo. O desempenho será baixo nas disciplinas em geral porque ele não se dedica. Está num estado parecido com as vítimas da "síndrome da fadiga crônica". É como se sofresse de logofobia, horror à razão e à palavra em geral, além de não se entender também com a ginástica e o esporte. Nesse tipo de situação, procurar curar a aritmofobia pode ser um caminho, já que a Matemática "faz milagres", mas não se deve depositar muita esperança aí. Deve-se buscar um tratamento mais abrangente. (Se o aluno começou s usar narcóticos em criança e seu cérebro ficou danificado, não há nada a fazer.)

Existe a possibilidade de um aluno de baixo desempenho geral mudar seu curso de vida através da mudança de atitude frente à Matemática pelo fato de ser esta disciplina um moderador de comportamento. Um aluno que se acostuma a estudar Matemática, adquire predisposição para dedicar-se às outras disciplinas. Se ele se entrega com exclusividade à Matemática e às ciências exatas alimentando desprezo pela língua materna e pela língua estrangeira de seu currículo, a culpa disso é do sistema escolar, quase certamente.

Um aluno que mostra ótimo desempenho em línguas e vai mal em Matemática precisa ter seu caso analisado, podendo ser ele uma vítima de aritmofobia ou alguém que foi levado por outrem a apenas desvalorizar a matéria (isto é uma proto-aritmofobia). Em qualquer caso, deve receber orientação ou tratamento. Do mesmo modo, o aluno ótimo em Matemática com sistemático baixo desempenho em línguas, deve ser orientado e estimulado a dedicar-se à leitura e à Gramática. O aluno pode aprender a resolver equações enormes, mas tombará diante de problemas discursivos, que ele tenha de decifrar e modelar. A modelagem, convém lembrar aqui, é a arte de transformar um enunciado discursivo em enunciado algébrico, isto é, retirar do texto seu conteúdo formal, montando assim a estrutura algébrica e algorítmica do problema a ser resolvido.

Assim, para o aluno se sair bem em Matemática, mas também em Física, é necessário que ele antes tenha-se dedicado à Gramática e à leitura. Do contrário, a fama de "matemático" dele durará pouco.

O aluno não tem, no entanto, necessidade de ser um leitor voraz, desses que trocam livros na biblioteca a cada semana. A condição de ler sem dificuldade e de ter um mínimo de treinamento nisso pode garantir a base para um bom desempenho em Matemática e Física. Ele apenas precisará acostumar-se com o palavreado dessas matérias. Se o aluno leu tão pouco que chega a ter dificuldade em interpretar as palavras e pronunciá-las com fluidez, gaguejando na leitura, sem sofrer de gagueira, e interrompendo-a por evidente falta de hábito, este terá dificuldade em qualquer matéria que exija escrita, mesmo que aqui ou ali obtenha notas altas, em avaliações pouco consistentes.

Avaliações. Já iniciada acima a discussão sobre níveis de avaliação quanto à eficiência ou não, convém olharmos um pouco este assunto.

São tantos os meios e os estilos de aplicação de provas e trabalhos, e de consolidação final do resultado das avaliações a cada bimestre - ou trimestre, se for este o caso -, que a família não deve tomar simplesmente o valor da nota como diagnóstico preciso.

Nos regimes tirânicos, das antigas ditaduras, o cidadão, ou súdito, era submetido, em muitos casos, a um mesmo governante durante a vida. Na escola, a situação correspondia à configuração da política, tendo o aluno de "aguentar" o mesmo mestre, anos a fio, até completar seu aprendizado na escola básica. Nos tempos democráticos republicanos, os governantes são substituídos periodicamente e, na escola, o aluno também passa por vários professores, tanto pelo suceder dos anos quanto por estudar sob uma regra em que diferentes docentes desenvolvem matérias diversas, dentro do mesmo ano letivo, pelo menos a partir dos anos ginasiais, do liceu júnior, se já não, em alguns casos, nos dois triênios iniciais. Isso permite ao aluno comparar formas diferentes de avaliação entre os vários mestres.

Um aluno perspicaz perceberá em pouco tempo que há matérias que ele sabe pouco e nelas têm notas altas, enquanto que há outras que ele sabe muito e nessas tem notas baixas. Essas discrepâncias são intrínsecas ao modelo da escola moderna, pluridocente. E, ao contrário do que se pode imaginar, é instrutiva para o aluno a percepção de que os professores não têm como manter coerência entre si na atribuição de notas.

Há acadêmicos que atacam o sistema de avaliação por notas numéricas com base nesse argumento da discrepância. Eles não percebem a vantagem do modelo. Se, por alguma mágica do destino, todos os docentes adquirissem a capacidade de avaliar de modo absolutamente equânime, de uma forma em que o aluno que aprendeu 60% do assunto do bimestre em Gramática e 70% do assunto de Matemática obtivesse nota 6 na primeira matéria e nota 7 na segunda, e nunca mais houvesse nenhuma incongruência nessas medidas, com a sensação do aprendizado por parte do aluno correspondendo sempre à nota recebida, então essa situação traria para os aprendizes a informação implícita de que as autoridades são inquestionáveis, oniscientes e, em consequência, tirânicas, agora por domínio total do "métier", diferentemente do tirano antigo, que estava nu, para os de boa visão, e tinha de enganar os míopes, que eram a imensa maioria dos comandados.

As notas desencontradas, incoerentes, entre um docente e outro, servem para mostrar aos alunos que seus mestres, como seus pais e seus governantes, são humanos, sem muitos acordos entre si. São pessoas que muitas vezes acertam, mas que erram, assim como as crianças também o fazem.

Com essa pouca possibilidade de equiparação entre as notas atribuídas pelos diversos docentes, resta ao aluno perceber que a validade das notas numéricas está na coerência interna do trabalho de cada docente. Suponha-se um mestre que no primeiro bimestre valoriza alunos que escrevem com suas próprias palavras, baseados em suas próprias deduções, e que no segundo bimestre dá boas notas para alunos que apenas memorizaram conteúdos e os reproduziram na prova. No terceiro bimestre, esse mesmo docente decide que os bem avaliados serão os que conseguem resumir ao máximo suas respostas, comprimindo-as em uma ou duas linhas, e que no quarto trimestre só dá notas altas aos que foram muito analíticos, e responderam cada questão usando um mínimo de vinte linhas da folha. Todas essas variações de método avaliativo esse professor adotou sem dar nenhuma pista aos alunos. Que coerência interna ele tem em seu trabalho? Os alunos perceberão que ele não tem nenhuma.

Como isso é absolutamente incomum, os adolescentes sabem que cada professor novo tem seu estilo e suas exigências, e o trabalho do estudante é identificar isso e agir de acordo com a expectativa de seu avaliador. É claro que a troca frequente de professores com estilos diferentes atrapalha o aprendizado e o desempenho dos alunos. Se em cada bimestre vier um novo professor de Matemática, cada um com seu método, os alunos sofrerão os solavancos.

Temos casos em que o aluno X, do oitavo ano A, tendo como docente de Matemática o professor Pedro, chegou ao fim do ano letivo com média 9, sem saber muita coisa, já que Pedro não é muito exigente nas avaliações, ao mesmo tempo em que o aluno Y, do oitavo ano B, cujo mestre de Matemática, muito exigente, foi o professor João, chegou ao fim do ano com nota 6. Como X e Y costumavam estudar juntos ao longo do ano, por serem vizinhos, ambos sabiam que o domínio do conteúdo por parte de Y era muito maior que o de X, e Y não era do tipo que desse "branco" na prova. Aliás, olhando as provas, ambos constatavam também que X cometia muito mais erros que Y. Ora, como é possível esse desencontro entre avaliadores? É possível porque os professores Pedro e João têm autonomia e têm jeitos diferentes de trabalhar. A lei garante isso. É a liberdade de cátedra. (Um problema dessa liberdade, e que é, sim, um grande problema, é a situação em que o professor G desenvolve um capítulo do conteúdo ao longo do ano enquanto que o professor H, de outra turma, desenvolve oito capítulos. Obviamente, os alunos de G estão em franco prejuízo de aprendizado em relação aos do professor H, a menos que este corra com a matéria sem compromisso com o acompanhamento por parte dos adolescentes, o que é algo absolutamente incomum, porque cumprir o conteúdo já é uma forma de mostrar conformidade com a expectativa de ensino de qualidade.)

Muito mais para evitar a diferença de desenvolvimento de conteúdos que a diferença de escala de notas, alguns sistemas educativos estabelecem avaliações unificadas, seja de modo total, seja de modo parcial. Pela unificação total, os professores desenvolvem os conteúdos em sala, cada um a seu modo, mas as avaliações são as mesmas para todas as turmas. Por exemplo, se há seis turmas de oitavo ano, com três professores de Matemática, cada um ministrando aulas para duas dessas seis, virão duas provas bimestrais unificadas, se a regra é de duas provas ao longo do bimestre. Tanto os alunos do oitavo A como os do oitavo F têm de fazer as mesmas questões, tanto da prova do primeiro mês como da prova do segundo mês, pois elas são unificadas. Mais que isso, e para que a determinação funcione, independentemente da lentidão ou da pressa de cada docente, alguns sistemas usam apostilas separadas por bimestre. Completando-se o primeiro bimestre, a apostila é recolhida e os alunos recebem a nova apostila, do segundo bimestre. Se algum professor deixou de completar o assunto da apostila anterior, que foi recolhida, ele não tem como continuar trabalhando aqueles tópicos finais no novo bimestre. Os alunos estão com a apostila nova e ele terá de trabalhar o conteúdo dela. O professor muito lento, que tinha o costume de trabalhar "exaustivamente" o conteúdo do início do bimestre sem nunca completar os capítulos, esse deve corrigir sua atitude ou ceder a vaga de trabalho a outro.

Esse esquema de provas unificadas e apostilas recolhidas ao fim do bimestre funciona bem, mas fere a liberdade de cátedra, de algum modo. Só escolas privadas ou escolas que, dentro da rede pública, recebam autorização para desenvolver projeto diferenciado, conseguem manter o modelo.

O ideal é a unificação parcial. Os docentes podem aplicar provas e trabalhos ao longo do bimestre, mas concordar em que uma das provas seja unificada. Neste caso, se é uma escola oficial, os professores podem elaborar a prova em conjunto. Em escola privada, como é de costume, essa prova unificada pode vir "de cima para baixo". Com uma prova unificada por bimestre, o sistema escolar já consegue, pouco a pouco, levar os professores a trabalhar em ritmo comum, sem aquela situação do professor G em comparação com o professor H do exemplo dado acima.

Se os professores do estabelecimento estão comprometidos com a melhoria do desempenho da unidade, e se a gestão escolar abraça a filosofia da qualidade, não há porque resistir a instituir unificação parcial das avaliações. Isso tanto pode ser feito em liceu júnior, como em Ensino Médio e também em faculdade.

Numéricas. De qualquer modo, os alunos devem ser instruídos desde cedo sobre o fato de que as notas numéricas que eles obtêm nas avaliações são medidas relativas. As notas atribuídas por um docente devem ser, de preferência, próximas às notas atribuídas por outros docentes da mesma matéria, mas não necessariamente manterão termos de comparação. Mais distantes ainda serão notas de escolas distintas, de bairros com níveis sociais também muitos diferentes entre si. Os sistemas universitários que levam em conta em seus processos seletivos as notas das escolas de origem dos alunos cometem um sério erro de interpretação dos fatos. Notas de escolas distintas são comparáveis apenas de modo muito grosseiro. Uma nota 7 de uma prova de Cálculo do ITA não tem parentesco, a não ser pela forma do número, com a nota 7 de uma prova de Cálculo do mesmo capítulo da faculdade de engenharia da cidade de Sopé da Serra, que cobra mensalidade de cinco dólares.

Será um grande problema essa diferença de nível entre unidades escolares? Nenhum pouco. Se alguma autoridade disser que todas as unidades de sua rede de ensino têm o mesmo nível, este é um mentiroso doentio. Se disser que elas terão essa igualdade no fim de sua gestão, por meta, então além de ser um mentiroso, é um vendedor de terrenos na Lua, um estelionatário.

É por terem níveis diferenciados que as unidades escolares podem competir entre si. E a competição saudável é a chave do progresso. Quem diz que não compete pela melhoria, porque não aceita competir, está competindo pela piora. A competição está no cérebro de réptil das espécies animais e quem não adotar a competição saudável regride à competição bruta da seleção natural, e isso é o que ocorre quando se renega a competição em si. A competição bruta da seleção natural é absolutamente inconsciente. A competição saudável, diferentemente, exige regras claras, mobilidade e disciplina.

Como as avaliações numéricas de unidades distintas não são comparáveis, isso significa que um aluno com histórico cheio de notas vermelhas, abaixo de 5, pode ser mais estudioso e hábil que outro aluno de histórico lotado de notas azuis? Pode ocorrer, sim, mas tenhamos calma. Se um aluno tem o histórico cheio de notas vermelhas, esses resultados referem-se ao sistema de avaliação de sua unidade escolar. Dentro dela, ele é um aluno de baixo desempenho. Se ele passar para uma unidade menos exigente, pode mudar sua vida. O pouco que ele estudava na escola anterior, e que não lhe rendia nota, na nova unidade pode ser o suficiente para ele tirar notas azuis.

Com tanta inconsistência nas avaliações, não seria melhor abandonar as notas numéricas e adotar menções em letras, ou apenas adotar pareceres?

A resposta é não.

Por mais que as notas numéricas sejam suspeitas, as menções ou os pareceres são incomparavelmente mais suscetíveis a representar atos de arbítrio. Sem contagens, o parecer de um professor sobre determinado aluno pode estar muito mais relacionado à cor dos olhos deste que ao desempenho acumulado ao longo do bimestre. Se o professor tenta ser minimamente justo na avaliação de seus alunos, deve computar o desempenho destes, e transformar os valores numa nota final, preferencialmente de zero a dez.

Num sistema de notas de zero a dez, os alunos vão fazendo suas próprias contas de desempenho ao longo do bimestre e ao longo do ano. Num sistema de menções, eles têm de esperar o veredicto do professor no fim do processo. Com as contas no sistema numérico, os alunos vão tendo motivo para aprender a fazer contas. Por si sós, eles aprendem a calcular médias, porque têm interesse próprio nisso.

Os Estados Unidos, que têm dedicado grande esforço ultimamente na luta pela melhoria de seu sistema de ensino básico, ganharão grande impulso se adotarem, em todas as unidade federativas, notas numéricas, em lugar das menções em letras.

Há justificativas para um sistema adotar menções em lugar de notas numéricas? Há, mas a maior delas é inconfessável, porque vem da aritmofobia. Nos sistemas de pós-graduação, nas faculdades, o costume é atribuir menções em letras. O motivo aí é muito claro: arbítrio. Diferentemente dos cursos de graduação, que usam notas numéricas, no mestrado e no doutorado sabe-se que os professores e os orientadores retêm poder de arbítrio, porque terão de escolher quem fará parte de sua comunidade de trabalho. Entre dois alunos, um pode obter nota 10 e outro, nota 8, mas, por avaliação subjetiva, os professores podem concluir que o segundo é preferível ao primeiro, por ser mais criativo e mais adaptado à vida acadêmica. Neste caso podem dar uma menção B para o de nota 10 e uma menção A, superior, para o de nota 8. É claro que a situação parece injusta, mas ela não é estranha. Deve-se lembrar que o universo em que isso ocorre é muito restrito, de centenas de pessoas dentro de um país. Dar esse poder arbitrário aos docentes que ensinam na escola primária, cuidando de muitos milhões de alunos em cada ano, não é nenhum pouco prudente.

Toda essa discussão foi gerada pela constatação de que o fato de tirar uma nota vermelha em Matemática na escola não significa necessariamente que o aluno é candidato fatal à galeria das vítimas de aritmofobia. Pode acontecer de ele ter relaxado nos estudos, por estar namorando, ou por ter gastado muito tempo na internet, e pode também ter ocorrido uma avaliação incoerente por parte do professor. Ele pode também estar frequentando uma escola exigente demais para o padrão de comportamento dele. Neste caso, os pais precisam ter cuidado ao procurar uma escola mais condescendente, pois algumas escolas são tão descompromissadas com avaliação que um aluno que não aprende nada novo ao longo do ano vai tirando notas azuis, enganando a si mesmo e aos pais.

Como saber se o estudante está indo muito mal apenas olhando suas notas vermelhas? Pela comparação com o restante da turma, porque as notas do professor dele têm coerência interna. Assim, se Joãozinho tirou nota 4 no segundo trimestre, mas metade da classe tirou nota abaixo de 4, Joãozinho está bem. Diferentemente, se ele tirou 5, uma nota azul, mas todos os colegas da turma tiraram mais que 5, então o caso de Joãozinho é preocupante. Numa escola mais exigente, ou na mão de um professor mais exigente da mesma unidade, ele estaria com uma nota 2, por exemplo.

Memorização. Uma possibilidade quase inexistente hoje, mas não totalmente descartável, é a daquele professor que exige tudo decorado, memorização pela memorização. Neste caso, o menino pode ser um aluno forte, que deduz toda a tabuada de multiplicação e resolve problemas complicados, e, mesmo assim, tirar notas muito baixas com o infeliz professor. O que ocorre é que o aluno não aceita gastar tempo decorando, já que ele tem grandes habilidades de dedução, e terá notas baixas, porque a prova não o está avaliando de fato, por estar querendo dele algo que no século XXI não faz sentido.

Mas a família não deve também comprar o discurso destrutivo de que nada deve ser decorado. Essa conversa é danosa. Não tenho porque decorar quanto dá 4 vezes 7 se conheço o resultado de 2 vezes 7, 14, e sei deduzir rapidamente o outro resultado, calculando mentalmente o dobro de 14 (pois o multiplicando 4 é o dobro do multiplicando 2). E a tabuada do 2 o eu aprendi sabendo que cada número da linha é igual à soma dele consigo mesmo, sendo, por exemplo, 2*3 igual a 3+3. Assim, muita coisa na escola não precisa mesmo ser decorada, por aqueles que sabem deduzir. Mas a fórmula resolutiva da equação do segundo grau, denominada pelo Professor Castrucci de Fórmula de Báskara, não é algo de dedução rápida. Se o aluno vai fazer uma prova de equação do segundo grau, ele sabe que não deve deixar para deduzir a fórmula na hora, porque vai perder muito tempo e corre o risco de não chegar à fórmula final, por algum erro no meio do caminho. Fica claro para ele que o melhor caminho é ter a fórmula decorada - o aluno mal-encaminhado procurará alguma fraude, mas este não está na escola para se educar.

É grande a proporção de alunos que conseguem deduzir a tabuada de multiplicação? Não, não é. Para uma faixa de pelo menos 90% do alunado, o caminho é decorar. Até o início do século XX isso se fazia mediante reguadas, pancadas de palmatória, castigos e reprimendas, porque havia prazo curto e a regra, antes de 1907, como dito acima, era a de memorizar por memorizar. Quem não decorasse era tido como mau aluno.

São aqueles 90% alunos mais fracos, já que têm dificuldade com dedução? Não se trata disso. Podemos classificar esses tipos de alunos como *heurísticos*, os que deduzem com facilidade, e *sensitivos*, os que aprendem mais por repetição e memorização. Um aluno heurístico e um aluno sensitivo podem, lá na frente, ter o mesmo desempenho numa prova, sob o mesmo professor, e então não se buscará mérito diferente de quem deduziu ou de quem memorizou. A classificação entre heurísticos e sensitivos é próxima à que fez Joy Paul Guilford (1897-1987), que dividiu os alunos entre aqueles de raciocínio *divergente* (quanto aos testes) e os de raciocínio *convergente*.

Um aluno sensitivo decora toda a tabuada, de preferência através do uso, pouco a pouco, e então assimila os algoritmos para as operações, assim como tem de fazer também o aluno heurístico. Numa prova de contas de multiplicação, o aluno sensitivo, que já tem a tabuada de cor, pode terminar a tarefa antes do aluno heurístico, que terá de gastar algum tempo deduzindo números.

    Faço aqui um apelo ao colega professor. Como no início do século XX a grande massa dos alunos tinha de sair da escola nos primeiros três ou quatro anos, eles tinham de memorizar a tabuada logo, pela premência do tempo. No século XXI, a grande maioria terá de continuar na escola por 11 ou 12 anos seguidos. Os que não conseguem deduzir a tabuada terão de memorizá-la. Mas agora eles têm muito tempo. Podemos estabelecer que até meados do quinto ano (alunos de dez anos de idade), todos os alunos que ainda não tenham a tabuada na cabeça possam consultá-la nas provas. Não é nada feio uma criança de dez anos ainda não ter decorado toda a tabuada. Mas é uma atitude antiga, talvez anacrônica, exigir que ele decore a tabuada em tenra idade para só então mostrar habilidade nas contas. Nestes tempos de memória eletrônica, muito mais importante que saber a tabuada de cor é saber fazer a operação no lápis.

    Entendimento. Tomemos como exemplo a questão de multiplicar o número 7859 pelo número 48. Se o aluno armou a conta e fez a operação, com a tabuada decorada ele se mostrou exímio, mas consultando a tabuada a seu lado ele mostrou também que aprendeu, que sabe o algoritmo da multiplicação. Obviamente, um dos recursos do professor é oferecer pontuação a quem não precisar consultar a tabuada nas provas. Por exemplo, se consultar, a prova vale 9, valendo 10 para quem não consultar. Será um meio de pressionar a turma a se livrar da tabuada. Mas o ideal mesmo é que ela seja abandonada por perder a graça, assim como o aluno abandonou a chupeta anos antes. Obviamente, ela deve perder a graça quando o aluno sabe tudo dela.

    Os pais que acompanham seus filhos nos estudos devem também levar em conta que o modo mais suave de memorizar algo é fazer isso pelo uso. A tabuada tem a vantagem de repetir-se sempre, se o aluno vai fazendo as operações. Se uma criança já aos seis anos adquire o hábito de fazer exercícios de Matemática todos os dias, quase seguramente terá a tabuada de multiplicação decorada antes dos nove anos de idade.

    Mais à frente vamos estudar uma tabuada japonesa, feita nos dedos, como um tipo de ábaco.

    O aluno desde cedo deve ser instruído a não achar que basta

"entender" um conteúdo para que este conteúdo já se considere aprendido. O termo "entender", aliás, é usado de modo inadequado pelas crianças, pois o que elas entendem por "entender" é o "saber do que se trata". Quando apresentamos algo a alguém, apresentamos uma pessoa, por exemplo, esse alguém "conhece" a pessoa. Convivendo com ela, vai assimilando-a. Com o tempo, pode chegar a entendê-la.

No caso dos assuntos da Matemática, o primeiro passo é esse "saber do que se trata", o primeiro contato. O aluno está "conhecendo" o conteúdo. Na fase dos exercícios, aliás, muitos exercícios, ele está "assimilando" o assunto. Quando a assimilação estiver muito avançada, então ele pode ter confiança de que está "entendendo".

Não deve, pois, esperar entender para então começar a fazer. Deve saber, sim, o mecanismo, mesmo sem ter ideia do que está por trás. Quando um motorista aprende a dirigir um carro, ele aprende o mecanismo da direção, sem saber como o motor, a parte principal, funciona. Enfim, ele aprende passos. Da mesma forma, o aluno aprende passos das operações matemática, para começar a fazê-las.

Para fazer uma operação de adição, por exemplo, o aluno lança mão da tabela de soma sem entender muito claramente o mecanismo do algoritmo da adição. Põe unidade sob unidade, dezena sob dezena, e assim por diante. Começa a somar, de cima para baixo. Se depois ele inverter as parcelas e somar (prova da adição), usando o mesmo algoritmo, obterá o mesmo resultado. Intuitivamente ele sabe porque isso está funcionando. Não há nenhuma necessidade de entender a fundo o algoritmo nessa altura da vida dele.

Dedos. Hoje em dia a garotada não consulta a tabela de soma, mas opera nos dedos. Para fazer 8 mais 5, a criança parte de 8 e acrescenta, um a um, mais 5 dedos, obtendo 13. Não há nenhum mal nisso. Ela está dominando o processo da adição e está fazendo exercício com o uso dos dedos. Fazendo exercício todos os dias, em alguns meses ela não precisará mais usar os dedos para fazer contas.

Na fase da subtração, a criança poderá voltar ao uso dos dedos, mas tem de aprender a contar de trás para frente. Para fazer 7 menos 4, por exemplo, ela fixa o número 7 e vai contando nos dedos, depois de expor 4 dedos esticados, 6, 5, 4, 3. Pronto, chegou ao resultado!

Para tirar a prova, ela somará o subtraendo 4 ao resultado, que é o resto 3, para obter o minuendo, que é 7. Nisso ela volta a praticar a soma. No aprendizado, as operações são, portanto, recursivas. Se não aprendeu muito bem a soma, quando estiver fazendo subtrações, a soma voltará.

Quando estiver fazendo multiplicações, aí também a soma voltará. E na divisão ela terá de praticar a subtração novamente. E também a multiplicação e a soma quando for tirar a prova real.

Quando se aprende a leitura, deve-se aprender letra por letra, para que a leitura apareça. Conheci um menino que estava há três anos na escola e não conseguia ler (um coleguinha dele é que me avisou). Fui verificar e vi que ele sabia todas as letras, menos uma, o erre. Por uma letra, todo o mecanismo da leitura estava prejudicado. Fazendo-o decorar o significado do erre, vi que logo ele passou a ler normalmente. No caso das tabelas de números, não é necessário esgotar todo o aprendizado para se seguir em frente, já que o aluno sempre voltará aos tópicos anteriores, recursivamente. Obviamente, ele terá de aprender os dez algarismos, para começar. Daí em diante, é só não desanimar.

Uma sensação comum a todos os que recebem uma prova de Matemática para fazer na classe é a de que não se conhece o assunto. Isso ocorre também com prova de língua estrangeira, se ela for bem elaborada. Mas a prova de Matemática consegue trazer essa sensação com maior frequência. Quando os alunos estudaram pouco, há uma tentação de entregar a prova em branco, já no início. O professor experiente não recebe nenhuma prova em branco antes de decorrido um período de pelo menos meia hora. Se tu, leitor, já passaste por esse sentimento, de não saber nada ao pegar uma prova na mão, esquece a ideia de que eras menos capaz. Se a prova é mal elaborada, com questões que exigem apenas memorização, então o aluno reconhece de imediato o que está sendo pedido. Esse tipo de prova vem com o nome de Matemática, mas não é Matemática que se preze. Com uma prova de questões novas, dentro do assunto estudado, o aluno sente-se perdido ao dar a primeira olhada. Depois começa a situar ponto por ponto. Se ele estudou, começará agora com conhecimento de causa a resolver as questões. Aquela sensação de desconforto desaparece nos primeiros segundos.

2. Matemática como jogo

Não tratamos aqui de fazer Jogo da Velha, ou Jogo da Amarelinha. Os exercícios de Matemática são jogos de per si.

Em problemas mais avançados, em geral existe uma resposta, que o livro apresenta nas páginas finais, ou que o professor já tem de antemão, para conferir depois o trabalho dos alunos. Nas contas mais simples, das quatro operações, essas respostas também existem, mas o aluno pode conferir o resultado do "jogo" sem olhar a resposta, mas, simplesmente, conferindo a prova real.

Uma vizinha uma vez me chamou para ver o caso do filho dela, que estava com o caderno cheio de operações de divisão para fazer e não tinha ânimo nem de começar. Estava tirando notas baixas na escola.

- Tens um tempinho para ver o caso de meu filho Paulinho, que está indo mal em Matemática?
- Claro, tenho, sim. Em que série ele está?
- Quarto ano, mas corre risco de repetir.
- Passo aí neste sábado, às 15h. Pode ser?
- Sim, serás bem-vindo.

Quando vi aquele monte de divisão no caderno, sem nenhuma começada, a primeira coisa que perguntei foi se ele tinha aprendido a tirar a prova real. Ele não tinha aprendido. Disse que a professora ainda não tinha ensinado isso - ele pode não ter prestado atenção, ou estava mesmo falando a verdade, nunca saberemos).

Peguei uma das contas e mostrei a ele como fazer, mostrando também como tirar a prova real no final. Então ele fez a segunda, depois a terceira, sempre tirando a prova. Vi que ele pegou o mecanismo. No dia seguinte perguntei à mãe dele se ele continuou as operações. Ela disse que ele tinha feito todas, que eram mais de cinquenta.

O que faltava para ele era saber tirar a prova real. Ele tinha os jogos na frente dele, mas não sabia conferir se estava "ganhando" ou não. Sabendo tirar a prova, ele viu que podia ganhar todas.

A moral da história é que quando ensinamos alguém a ir, sempre devemos ensinar a voltar. Se ensinamos apenas a ir, o aluno não se sentirá seguro em ir sem saber se pode voltar. Quando ensinamos ao aluno a ida e a volta, ele fica sabendo que precisará apenas de um pequeno esforço para fazer a tarefa. E podendo conferir se ganhou o jogo ou não, o interesse em jogar será cada vez maior.

É claro que podemos criar jogos para reforçar conteúdos matemáticos.

Todo jogo, aliás, envolve Matemática, em maior ou menor grau. Então um jogo puramente matemático é um jogo por excelência. E se há jogos chamados "jogos de azar", no sentido de má sorte, e se pessoas ficam dependentes deles, a Matemática não tem responsabilidade por isso, assim como a Atomística não tem culpa pela explosão da bomba nuclear, que está na conta da fraqueza humana. Se um indivíduo usar a luz do Sol para se cegar, o Sol não é o culpado.

Mais à frente vamos apresentar exemplos de jogos aritméticos, que podem ser usados para que os conteúdos sejam melhor assimilados, sem perder de vista que um exercício de Matemática em si já é um jogo.

Etapas. A chave não é única. O que serviu para Paulinho, que foi a constatação de que ele só precisava saber tirar a prova real da divisão, pode servir para muito poucos alunos que tenham repentinamente enfrentado uma barreira no estudo da Aritmética. O pai de Paulinho era comerciante e quem tem pais dessa profissão dificilmente tem rejeição a números, pois vivenciam em casa a importância desse instrumento. Quando vi que a trava no caminho dele era apenas o aprendizado da prova real, destranquei a porta e ele seguiu em frente, retomando a rotina de aluno dedicado.

Aprender os dez algarismos e, em seguida, o mecanismo da notação posicional, para formar os números, seguindo daí para as quatro operações elementares, são passos relativamente simples e apenas em casos excessivamente patológicos uma criança apresenta problemas de aprendizado nesses primeiros tempos. O problema pode começar no aprendizado do algoritmo da multiplicação, para alguns, ou no da divisão, para uma quantidade maior. Mas nessa altura, a quantidade desses garotos com problemas de aprendizado é pequena.

Há sobre isso, inclusive, uma anedota, em que o sujeito reclama: "Eu vinha desempenhando bem na Matemática, mas de uma hora para outra acrescentaram as letras nas contas, e aí fiquei perdido". Como se pode ver, é só uma brincadeira. A maior parte das crianças segue obtendo boas notas nos tópicos de Aritmética com números naturais. Na divisão muitos já começam a apresentar resistência, mas o problema ainda não é gritante. Números primos, divisibilidade, fatoração, notação de potências, mínimo múltiplo comum (MMC), máximo divisor comum (MDC), todos esses assuntos são muito palatáveis para a maioria.

O primeiro nó ocorre na adição de frações com denominadores distintos.

Nesse momento o aluno, que se chama André, já saiu das operações com números inteiros não-negativos começou o estudo dos números racionais. As primeiras abordagens com números na forma de fração são de fácil assimilação para as crianças. Número misto, identificação de frações próprias e impróprias, identificação de frações aparentes, frações equivalentes, inversa de uma fração, simplificação, frações irredutíveis, todos estes temas são simples e se há alguma reclamação é pela vastidão dos conceitos e das técnicas, não pela dificuldade em dominar cada um deles. São muitos, mas não podem faltar, porque são a base para o que vem em seguida. Quando o aluno começa o estudo da adição de frações com denominadores iguais, ele vê que é um ponto muito fácil, mas ele começa a desconfiar que ali está o preâmbulo de algo não muito banal.

De um momento para outro o professor deixa para trás as frações com denominadores iguais e mostra a adição de frações com denominadores distintos. O aluno André não pode repetir o denominador e somar os numeradores, como vinha fazendo antes, pois agora não há um denominador comum. Para o aluno, não é o momento da troca dos algarismos pelas letras, como se diz na anedota, mas o momento da troca dos denominadores iguais pelos distintos, na operação de adição, que assusta e amedronta a maioria. Estamos falando de países com aquela herança ibérica citada no início deste texto.

Se estamos num país como China, Finlândia, Canadá ou Itália, os alunos sabem que terão de enfrentar um tópico mais trabalhoso, não um tópico mais difícil. Será uma questão de dedicação, com atenção e resolução de exercícios, e a etapa estará cumprida. Nos países da América Latina, assim como nos Estados Unidos, cuja maior parte do território pertencia ao México, a maior parte dos alunos verão o novo assunto como algo cheirando a uma barreira intransponível. Não é nada disso, mas a sensação vem de medos ancestrais e ela supera a capacidade de percepção sadia da realidade.

Pela primeira vez a criança se depara com uma operação matemática de vários passos, que ela tem de assimilar, muito diferentemente dos problemas de uma ou duas etapas com que ela estava acostumada. Vejamos uma situação anterior, que para alguns é complicada, mas para a maioria não é. Tomemos o problema de encontrar o mínimo múltiplo comum (deveríamos chamar "múltiplo mínimo comum", para deixar claro do que se trata) dos números 8, 15 e 20. Pelo método da decomposição simultânea em fatores primos, a primeira etapa consiste em armar o esquema de resolução. O aluno escreve os três números, separando-os por vírgula (8, 15, 20), e à direita traça uma linha vertical. Pronto, a conta está armada, ou montada. A segunda etapa será lembrar a sequência dos primeiros números primos, do 2 em diante, e fazer a divisão, um por um. Ele escreve 2 à direita da linha vertical, adiante dos três números, e vai pondo sob cada um deles o resultado da divisão por aquele número primo. Sob o número 8 ele põe 4, sob 15 ele põe o próprio 15 e sob 20 ele põe 10. Esse 15 foi repetido porque ele aprendeu que quando o número não é divisível, nesse método de decomposição simultânea, ele se repete na linha inferior. Os valores agora serão 4, 15 e 10. Ele novamente escreve 2 à direita da linha vertical, porque ainda há valores divisíveis por 2. E isso é repetido mais uma vez, porque ele terá a linha 2, 15 e 5. Na linha abaixo dessa, ficarão os números 1, 15 e 5. Ele passa para o próximo primo da sequência, que é o 3 (ainda não é hora do 5, apesar da tentação). Virão os números 1, 5 e 5 na linha seguinte. Finalmente, só restará dividir essa turma por 5, o próximo primo. Ele terá a linha 1, 1, 1. A segunda etapa foi concluída. Para ter o mínimo múltiplo comum basta agora que ele multiplique, de cima para baixo, os números primos que ele obteve à direita: 2, 2, 2, 3, 5. O produto dá a resposta, 120.

Se ele quiser sofisticar, pode escrever antes o produto na forma fatorada, que é 2^3*5*5, mas isto não é necessário agora, uma vez que o que se pediu foi o valor do múltiplo. Na prática, são duas etapas, como vimos. A primeira, a montagem. A segunda, as divisões, pelos primeiros primos, com os resultados sob a linha dos três números. Terminada a conta, o aluno tem os fatores dispostos verticalmente, à direita. Multiplicar os cinco valores poderia ser considerado como uma terceira etapa, mas é uma fase que já está ganha se o aluno cumpriu corretamente a segunda etapa. Enfim, o primeiro passo, que é armar o esquema, e esse terceiro, que é a multiplicação dos primos resultantes, são demasiadamente fáceis.

Mas o professor não pediu previamente ao aluno para calcular aquele múltiplo. Ele pediu, isto sim, que somasse as frações 3/8, 4/15 e 7/20. O aluno André estava acostumado a copiar o denominador, que era igual nas parcelas dadas, e somar os numeradores. Agora tudo mudou, ou quase tudo. Se ele prestou atenção à explicação, ou se tem um exemplo para seguir, ele verá que após escrever as três frações com o símbolo "+" entre elas, 3/8+4/15+7/20, ele terá de "descobrir" aquele denominador igual, ou denominador comum, que lhe permitirá fazer a conta do modo como vinha fazendo antes, escrevendo três frações com o mesmo denominador. No caderno, André escreve 3/8 com 3 em cima e 8 embaixo do traço de fração.

Contemos as etapas. A primeira foi armar a conta, i. e., escrever as frações com o símbolo de soma entre elas. A segunda será escrever depois do símbolo de igualdade, "=", três traços de fração indicando frações a serem somadas, com um "=" no fim: --- + --- + --- =. Até aqui, qualquer aluno que não sabe nenhuma conta consegue ir. A terceira etapa será descobrir o denominador comum, para escrevê-lo repetidamente debaixo dos três traços. O aluno que aprendeu o método da decomposição simultânea calcula o mínimo múltiplo comum, conforme o parágrafo anterior, obtendo o valor 120. Se levarmos em conta que lá havia três etapas, e já havia duas agora na adição das frações, o aluno entra agora na sexta etapa, que é a escrita dos denominadores iguais com a consequente obtenção dos três numeradores correspondentes. Como ele alterou os três velhos denominadores distintos por três denominadores iguais, escrevendo três vezes o número 120, ele precisa achar numeradores que formem com esse denominador frações equivalentes às três frações originais. Para descobrir os fatores, ele usa o recurso da operação inversa da multiplicação, que é a divisão. Se o primeiro denominador era 8 e agora será 120, o fator usado para ir de 8 a 120 é obtido com a divisão de 120 por 8, e este fator aplicado no numerador dará a fração equivalente procurada. Ele dividirá 120 por 8 (o valor debaixo) e multiplicará esse quociente por 3 (o valor de cima). Fará: 120 dividido por 8, que dá 15, e 15 vezes 3, que dá 45. Este é o valor do primeiro numerador. Depois fará 120 dividido por 15, que dá 8, e este 8 vezes 4, obtendo 32. Finalmente, 120 dividido por 20, que dá 6, e este 6 por 7, que dá 42. Pronto. Está completada a sexta etapa. A sétima etapa consiste em fazer a operação que ele já sabia antes, que é somar os três novos numeradores e copiar o denominador comum, 120. Ele terá 45/120+32/120+42/120, que dará 119/120.

Ainda existe uma oitava etapa a ser cumprida: verificar se a fração é irredutível e, se não for, simplificá-la. A maneira "computacional" de fazer isso é obter o máximo divisor comum entre numerador e denominador. Faz-se a divisão em cima e embaixo por esse divisor e tem-se a fração final. A maneira intuitiva é percorrer os divisores primos de baixo para cima. O aluno verifica que 120 é divisível por 2, mas o numerador, não, porque é ímpar. Depois, verifica que 120 é divisível por 3 (a soma dos algarismos 1+2+0 é 3, que é múltiplo de 3). Testa o numerador, fazendo 1+1+9. Isto dá 11, que não é múltiplo de 3. Verifica o divisor 5, olhando se os termos terminam em 0 ou em 5. O denominador termina em 0, então é divisível por 5, mas o numerador termina em 9. Nada feito. Os primos a partir de 5, como 7, 11, 13 e seguintes, não precisam ser testados, porque o maior primo que surgiu na fatoração de 120 na conta que ele fez, da terceira etapa, foi o número 5. A fração é irredutível e a oitava etapa está cumprida.

Se a fração não fosse irredutível, ele a teria simplificado dividindo numerador e denominador por um daqueles fatores primos, montando a fração final.

Se André não soubesse achar o mínimo múltiplo comum, mas soubesse simplificar frações muito bem, ele poderia contornar a situação multiplicando todos os denominadores e usando um múltiplo quase sempre maior que aquele que ele teria achado como mínimo. Se ele alcançou o resultado corretamente, o professor não deve puni-lo por ter trocado o múltiplo mínimo por um múltiplo de conveniência. O ideal, porém, é que o aluno tenha aprendido os temas anteriores, ou que aproveite o momento da demanda por eles para aprendê-los finalmente.

3. A passagem

De qualquer modo, podes ver, leitor, o rito de passagem que se configurou nessa altura da vida escolar do aluno. De pequenos problemas de uma ou duas etapas, raramente de três, ele enfrenta agora exercícios que envolvem oito etapas!

Faz sentido "relevar" e deixar o aluno seguir em frente sem aprender adição de frações? Os pais e os professores devem fazer vistas grossas a isso? A resposta é a clássica saída do administrador: "Depende".

Para receber promoção no fim do ano letivo o aluno não tem de obter nota 10, mostrando teoricamente que ele dominou 100% do conteúdo estudado. Ele tem de conseguir nota 5, na quase totalidade dos sistemas escolares. Então, sabendo outros pontos, mas ignorando adição de frações, ele pode seguir em frente, mas não deve receber autorização para desistir daquele tópico. Como os assuntos da Matemática quase sempre são recorrentes, ele terá novas oportunidades de retomar o tema. Se a escola não oferecer essa oportunidade a ele, é uma má escola.

Ele não precisa aprender bem aquele assunto na primeira vez em que o estuda, mas deve aprender mais à frente. Ele não quer a carreira de ciências exatas? Não importa! O estudo das frações não é só para os que vão cursar Engenharia, Medicina ou Psicologia. É para todos os seres humanos!

Se o aluno não aprendeu a manipular numerais romanos, a escrever 953 (CMLIII) nessa notação, por exemplo, este é um item importante para a história e para a cultura geral. Ele não saberá ler datas em monumentos antigos, o que pode ser fator de humilhação. Mas para a continuação dos estudos matemáticos, a relevância daquele tópico é muito pequena. Assim, há alguns assuntos que ficam circunscritos a alguma fase da vida escolar e têm pouca repercussão no futuro. Se o aluno não aprendeu os nomes das capitais dos países dos Bálcãs, ele pode esconder dos outros essa deficiência pelo resto da vida, sem perder nada com isso. Pode até ganhar Prêmio Nobel em alguma das áreas contempladas pela Academia Sueca - não se for brasileiro, por enquanto, já que não fomos laureados ainda nem com o Nobel da Paz. Não é o caso da adição de frações. Se o aluno não for capaz de incorporar a seu aprendizado essa técnica básica de oito etapas para somar frações, dificilmente ele realizará outros trabalhos que envolvem vários passos.

- Discordo, diz meu interlocutor refratário.
- Espera, pois eu ainda não concluí o raciocínio.

Esse que disse discordar está baseado em experiências pessoais, por ter conhecido pessoas que não sabem somar frações e que, mesmo assim, apresentam bom desempenho em seus campos de atuação. Sim, o cidadão não poderá ser um bom piloto aeroespacial, ou um bom programador que trate de problemas de criptografia em sistemas bancários, mas poderá ter boa atuação em campos que não exijam bom conhecimento de Aritmética e Álgebra. Por que isso ocorre? Porque vivemos numa sociedade com uma alta proporção de vítimas de aritmofobia. E essas vítimas precisam ganhar a vida. Precisam mostrar bom desempenho nos ofícios de sua escolha.

- Eu sou promotor de justiça e nunca precisei de adição de frações em meu trabalho, de modo que, se eu tivesse aprendido isso, teria perdido tempo, diz uma vítima do transtorno.

- Ninguém perde tempo por aprender nenhum tópico da Matemática básica, respondo. És um bom promotor, mas, se tivesses aprendido adição de frações, serias hoje um promotor muito melhor. Isto vale para qualquer profissão.

- Continuo discordando de ti, diz ele.

- Eu sei, respondo. Muitas vítimas de aritmofobia têm o problema como um mal muito arraigado e não pensam mais em curá-lo, sendo este teu caso. Um engenheiro químico que sofra de melofobia sempre dirá que a ausência da música não causa nenhum inconveniente na vida dele, mas, sem conhecer Bach, Mozart, Fauré e Verdi, ele nunca saberá o que está perdendo.

Um jovem não deve cultivar aritmofobia ao longo da vida, deixando o problema tornar-se um "handicap" de estimação. Quanto mais cedo aprendemos um assunto, mais facilidade teremos - se dominamos os pré-requisitos para aquele aprendizado. E quanto mais cedo tentamos tratar um transtorno psíquico, melhores condições teremos para escaparmos dele com rapidez.

Importância. A adição de frações constitui-se, pois, nessa passagem da fase do passeio de triciclo, com tarefas seguras e de poucos passos, para a fase do passeio de bicicleta, mais emocionante.

Uma professora de quinto ano elementar me contou que o tópico de Aritmética em que os alunos tinham mais dificuldades para assimilar era o das operações com decimais. Eu estranhei, e perguntei se não eram as operações com frações. Ela disse que não, e continuou afirmando que a dificuldade eram os numerais decimais, que os alunos não conseguiam mesmo aprender. Fiquei por alguns meses pensando na questão, tentando entender como alunos que aprendem as operações com frações podem mostrar dificuldades em operar com numerais com vírgula, se basta uma aula para adição e subtração para que eles aprendam as duas operações, e depois uma aula de multiplicação e mais umas duas ou três de divisão para que o assunto se esgote. O assunto frações, com seus preâmbulos, pelo que vimos acima, demanda meses de estudo. Como entender a afirmação da professora? Ora, quando respondi que a dificuldade maior estava nas frações e ela discordou, reafirmando a posição de antes, não perguntei se ela de fato ensinava frações aos pequenos.

A única explicação para alguém achar que o tópico mais difícil de aprendizado no curso elementar é o de numerais decimais é esta: as frações não foram ensinadas antes. Ora, para um aluno que aprendeu frações, fazer as operações com decimais depois é como deixar de passear de bicicleta e voltar a andar de triciclo.

O surgimento das frações deu-se no século XIII, pelo menos na Europa, quando Leonardo de Pisa, o Fibonacci, levado por seu pai, o comerciante Bonaccio, aprendeu essa nova forma de tratar números com comerciantes árabes que negociavam na Península Itálica. O menino, que depois veio a ser o maior matemático europeu da Idade Média, disseminou o uso das frações na cultura europeia, dois milênios depois que Pitágoras consagrou os números inteiros como a última joia da Matemática, junto com a Geometria e a Música (ele incluía também a Astronomia, mas esta era mais objeto de observação que de conclusões recorrentes).

Decimais. Os numerais decimais são um assunto muito mais recente. Foram criados no século XVII, por John Napier, na Escócia. São um novo método para representação de números racionais, que, até então, descontadas algumas tentativas incipientes, só se representavam com frações. Aprender numerais decimais sem saber frações é tarefa para Hércules, se é que Hércules um dia se dedicou aos números, além de contar de um até 12.

O assunto vinha sendo desenvolvido por outros estudiosos, de modo preliminar, e coube a Napier propor a forma final da notação que chegou até nós. Previdente, ele levou em conta a diferença na tradição da escrita dos números na Grã-Bretanha e no continente, e propôs que entre os anglófonos fosse usado o ponto, e que os europeus do continente usassem a vírgula, para separar a parte decimal da parte inteira. Devemos lembrar que os anglófonos já usavam a vírgula para separar os milhares no número, enquanto os continentais usavam o ponto, como em 35.452.000, que é um número inteiro. Como o objetivo dele era usar a notação nos logaritmos, uma invenção dele, essa parte quebrada do valor dos logaritmos decimais foi chamada de "mantissa", tomada em seu valor positivo, nomenclatura que permanece até hoje.

Em março de 2008 o Departamento de Educação dos Estados Unidos, em Washington-DC, divulgou o "Final Report of the National Mathematics Advisory Panel" (Relatório Final do Painel Consultivo Nacional de Matemática), apresentando o diagnóstico, feito por professores de Matemática de todo o país, da situação do ensino básico da matéria. A conclusão foi que o problema estava no baixo aprendizado de frações, medidas e Geometria. Veio então a recomendação para que os sistemas de ensino reforçassem esses assuntos. Quando se mexe com medidas, o senso prático manda usar numerais decimais, que são mais populares que as frações. Se vamos à loja comprar 1 metro mais 3/4 de tecido, não pedimos ao vendedor o valor em fração, mas dizemos 1,75m. Por isso é que a escola, que prepara para a ciência mais que para o mercado, não ignora o ensino dos decimais já no curso primário. Aliás, as unidades de moedas, com seus centavos, são tratadas com os numerais decimais.

As calculadoras de bolso, dentro do mesmo espírito, operam com valores em decimais. É disso que o feirante e o jornaleiro precisam. Uma calculadora funcionando apenas com frações serviria muito bem, mas só aos estudantes e pesquisadores, não à clientela maior, formada por comerciantes, industriais e trabalhadores em geral.

O estudante que imagina estar liberado de aprender contas porque a calculadora já fornece os resultados necessários está vivendo em terrível engano. Primeiro, para ter clareza de como funcionam os numerais decimais, é necessário conhecer bem as frações. Segundo, Blaise Pascal inventou a calculadora, em 1642, para aliviar o trabalho do pai dele, Etienne Pascal, que era fiscal de rendas, ou cobrador de impostos, na França. Vendo o pai gastando madrugadas ao lado de uma vela em meio a pilhas de papéis com adições e subtrações, o jovem Blaise inventou uma calculadora a manivela. Girando-a no sentido horário, fazia-se a soma. Poucos anos depois ele acrescentou à "pascalina" (apelido da máquina) a capacidade de fazer subtração, girando-a ao contrário. Algumas décadas depois, Leibniz, na Alemanha, acrescentou as funções de multiplicação e divisão à máquina. A máquina foi inventada, portanto, para ajudar no trabalho, não no aprendizado em sala de aula. O terceiro ponto é o que mais justifica o aprendizado das frações, e trata da precisão numérica. Quando necessitamos usar o valor da fração 20/3, sem perdas nem ganhos, deixamos esse número na forma fracionária e o valor está todo aí. Se o traduzimos para decimais, para usar na calculadora, por exemplo, vemos

Aritmofobia – como curar o horror da Matemática

que a divisão cai numa dízima e temos de decidir a precisão que queremos. Se é de centésimos (pode tratar de centavos, por exemplo), escrevemos como 6,67, com arredondamento para cima da segunda casa após a vírgula, conforme a regra universal. Como a divisão dá 6,6666... e queremos só até a casa dos centésimos, a regra diz que ao desprezar algarismo entre 5 e 9, incluindo estes, acrescentamos +1 à última casa que fica. Se o algarismo é de 0 a 4, mantemos a casa como estava. Por exemplo, 9,52333... fica 9,52, novamente levando em conta que queremos a casa dos centésimos. Se quiséssemos a casa dos milésimos, teríamos 9,523.

Ora, quando digitamos 6,67 em lugar de 20/3, cometemos uma alteração de um centésimo para cima. Se multiplicarmos isso por um milhão, a discrepância não será mais de apenas centésimos. Vemos que os numerais decimais são convenientes para o dia a dia, mas não para a ciência em geral. Sempre teremos dúvida sobre se o que fazemos em Matemática é verdadeiro ou não, como dizia Bertrand Russell, mas, se podemos optar entre algo intrinsecamente preciso e algo que dependeu de arredondamento, é claro que ficamos com o que nos garante precisão.

Diante das três razões acima para a importância de aprender as operações manualmente e mentalmente, sem depender de calculadora, o professor tem um aliado poderoso em sala de aula, que é a obtenção do resto da divisão. Um aluno trapaceiro pode usar a calculadora às escondidas para obter, por exemplo, o quociente da divisão entre 20758 e 95, cuja parte inteira é 218. Ora, se o professor pediu para ele encontrar o resto dessa divisão, só com muito malabarismo ele o obterá usando a calculadora. Se ele tiver alguma habilidade parecida com a de Pascal ou Gauss, ele saberá que para achar o resto basta aplicar a fórmula da divisão de Euclides, multiplicando o quociente pelo divisor e subtraindo esse produto do dividendo. O resto é obtido, pois, fazendo-se 20758 − 218*95. O caminho da maioria, porém, é fazer a divisão completa e obter o valor sob o dividendo, e neste caso esse resto dá 333. Aquele que depende de calculadora e ludibria o professor, só por milagre conseguirá usar a fórmula de Euclides para achar o resto. Se ele, sem ter sido treinado nisso por outrem, enganar o professor e ainda assim tiver a perspicácia de aplicar por conta própria a fórmula de Euclides (D = q*d + r, dividendo é igual ao produto quociente vezes divisor, mais o resto), então a escola tem entre seus alunos um gênio da desonestidade. O professor implicitamente ensinou a fórmula, pois é ela que se usa ao tirar a prova real da divisão, mas a aplicação na situação específica de achar o resto não é um passo corriqueiro para a criança.

Antes de prosseguir, aproveito a constatação acima para fazer um alerta. O aprendizado da Matemática é um universo em si, quase sempre simples e harmonioso, enquanto que o aprendizado da aplicação é um segundo universo, este sim, pantanoso. Os que querem fazer da Matemática um novelo embaralhado partem para esse trabalho de exigir dos alunos que façam aplicações para as quais eles ainda não têm maturidade. Pitágoras, Platão, Euclides, Galileu e Poincaré pediam a seus alunos para resolver problemas de Geometria. Professores confusos pedem resolução de problemas de Engenharia Elétrica que os alunos nunca viram antes.

Descontando-se o caso das vítimas de aritmofobia em estágio avançado, é possível que alguém que possa escrever um bilhete de quatro parágrafos sem erros gramaticais seja incapaz de aprender adição de frações? Não. A menos que se descubra alguma disfunção cerebral não identificada até os dias atuais impedindo uma pessoa articulada e intelectualmente funcional de aprender determinados processos numéricos. Não é impossível, pois pode existir um indivíduo com uma lesão física no cérebro justamente na região responsável pelo processamento numérico, numa situação em que isso não interfira em outras atividades mentais. Mas isso seria algo tão raro como o caso de uma pessoa que canta a escala cromática de dó maior sem conseguir emitir a nota sol, fazendo dó, ré, mi, fá, _, lá, sí. Seria algo completamente inusitado, mas não completamente impossível.

Tratando das pessoas sem nenhuma esquisitice física, ou fisiológica, como o caso do cantor acima, o esperado é que se uma pessoa consegue ser articulada ao se expressar em sua língua nativa, ela não tem nenhum empecilho para o aprendizado das frações.

A insistência na operação de adição, que é a mesma de subtração, com a diferença do sinal, e da própria conta de subtrair, é porque a operação de multiplicação de frações é uma das mais fáceis na vida escolar da criança dos cursos básicos. Se queremos multiplicar duas frações, só precisamos multiplicar numerador por numerador e denominador por denominador. Se o resultado não for fração irredutível, temos de simplificar. E como temos de simplificar, à medida que vamos avançamos no aprendizado, acostumamos a simplificar os fatores, antes de proceder à operação final. Quem não adquire esta habilidade não tem com que se preocupar, pelo menos na fase numérica de seus cursos, pois pode sempre simplificar no final da conta. Depois de aprender multiplicação de frações, vem, obviamente, divisão de frações. Esta é facílima. O aluno tem apenas de lembrar que divisão significa multiplicação pelo inverso. Assim, dividir 3/5 por 4/7 significa escrever 3/5 multiplicado por 7/4 (inverso de 4/7) e efetuar a conta para achar o produto.

Quando, finalmente, o aluno completa os itens sobre frações e passa para os numerais decimais, ele toma consciência de que uma fração é uma divisão indicada. Por exemplo, para transformar 4/5 em decimais dividimos 4 por 5, obtendo 0,8. Como 4/5 e 0,8 têm o mesmo valor, fica bem claro que aquele 4 é um dividendo e aquele 5 é um divisor, que se desmancham na nova expressão 0,8.

Ora, o livro ou o professor ajudariam muito o aluno se informassem desde o início do estudo de frações que essa forma de escrita numérica representa uma divisão indicada. Se ela está na forma de fração, a divisão não precisa ser feita, pois um número como 4/5, quatro partes de um total de cinco, já tem um significado em si. Mas o significado é 4 em cinco, e isto é o mesmo que 4 dividido por 5. Na fração ½ o fato fica mais claro, pois tomar 1 em 2 é tomar metade, indicando que aquele dois foi dividido ao meio. São raríssimos os livros escolares que dão essa informação ao aluno. E ela não custa mais que uma linha da folha.

Além de tudo o que já foi dito sobre a importância do aprendizado do tópico frações, complementado pelos numerais decimais, um não pode ser esquecido: o de que aprendendo todos eles o aluno está pronto para o aprendizado de toda os temas aritméticos e algébricos que terá de enfrentar. Nada mais será misterioso. E há algo mais confortável que isto? É claro que os assuntos vão mudando e novos conceitos virão, de modo que o aluno não obterá nota alta se não estudar e praticar. Mas ele terá a confiança de que, tendo aprendido frações, nada mais o amedrontará em Matemática.

Desafio. Há apenas um contratempo nessa afirmação tão categórica que faço. Quando o professor pega uma turma nova, de nono ano, por exemplo, ele não sabe se os alunos tiveram todos os tópicos anteriores do liceu júnior, ou se ficaram com algum ponto em branco, por falta de professor, ou por terem tido um professor vagaroso. Mas quando a turma vem com o mesmo professor desde o sétimo ano, então o professor sabe que aquilo que é exigido e não é cumprido, por falta de conhecimento, está relacionado a dificuldade de memorização ou de habilidade individual. Tive oportunidade de passar por um desafio que me intrigou muito. Numa turma de nono ano, que teve Matemática comigo desde o sexto, ao colocar na prova questões de equações irracionais, vi que ninguém conseguiu resolver o tipo mais completo dela, que é aquele em que o aluno tem de eliminar os radicais mais de uma vez. O caso mais simples é esse em que o aprendiz eleva ao quadrado o radical que ele isolou em um dos membros, elevando também o outro membro, elimina aquele radical e continua a equação com as variáveis e números que restaram. No caso mais trabalhoso, há mais de um radical, em meio a outras parcelas. Um dos radicais é isolado em um dos membros, mas no outro membro da equação há radical e mais termos - se resta apenas um radical em cada membro, elevar tudo ao quadrado elimina-o e tudo fica fácil. Ao elevar os dois membros ao quadrado, o membro que tem mais que o radical continua com radical. Se ponho entre parênteses raiz de x, mais 3, e elevo esta expressão ao quadrado, tenho de aplicar o primeiro produto notável, e obtenho x, mais 6 vezes raiz de x, mais 9, isto é, o radical continuou. O aluno tem de aplicar um raciocínio recursivo e retomar o trabalho de isolar o radical e repetir o procedimento, agora eliminando o indigitado. Meus alunos não conseguiram fazer isso.

Como a falha foi da classe toda, embora tivessem obtido boa nota com a resolução das outras questões, avisei que continuaria pondo aquele tipo de questão nas provas seguintes, até que acertassem. Não me lembro se fiz isso duas, três ou quatro vezes. Numa dessas edições, corrigi uma prova e vi que o aluno acertou tudo. O nome dele é Fábio. É um nissei, filho de um engenheiro civil. Corrigi as demais provas e vi que ninguém mais acertou. Talvez eu tenha errado no nível de exigência, porque essa turma era forte e conseguia notas azuis. Se eu tivesse apertado o cerco, talvez eles tivessem dado um pouco mais de si. Provavelmente o aluno Fábio tenha sido o único a levar a sério o desafio de estudar aquele tipo de exercício. De qualquer modo, fiquei aliviado em ver que os alunos podem resolver questões complicadas para a idade deles. Fábio resolveu e eu decidi não insistir mais com os outros. Se eu tivesse insistido e aumentado o nível de exigência, mais alunos teriam acertado.

O fato me trouxe a consciência de que problemas que demandam várias etapas em sua resolução são o grande nó na vida dos estudantes. Se essas etapas exigem recursividade, como naquele caso de ter de elevar ao quadrado mais de uma vez o membro com radical na equação, então o grau de dificuldade se acentua.

Segurar firme o leme e atravessar a tempestade sem medo não é para marinheiro de primeira viagem. O tirocínio, o aprendizado acumulado com o treinamento, vai crescendo e dando confiança ao estudante.

Fazer exercícios de Matemática é muito mais seguro que quaisquer outras atividades científicas. O aluno não se molha, não carrega peso, não fica suado, não fica com dor no corpo, não recebe descarga de elétrons no rosto.

Além de está praticando a ciência da qual todas as outras dependem, e da qual depende o progresso da humanidade, cada exercício que ele faz pode ser visto como um jogo, que ele ganhará quando chegar à resposta.

Quando escrevo um livro ou componho uma canção, não sei a que resultado vou chegar, exatamente. São obras abertas, como dizia Umberto Eco. Quando vou resolver um problema matemático, ele tem um resultado, que eu devo descobrir. É muito mais lúdico.

Praticidade. Para a criança sentir-se mais animada, sempre que possível deve-se oferecer a ela um problema prático. Se o problema é geométrico, ele já é visível, ou visualizável, e isso já ajuda muito, mas um problema de comércio, de viagem, de distância ou de tempo mostra como a Matemática pode ser usada na vida cotidiana e dá um sentido maior ao aprendizado. O que não se pode é dar a impressão de que o cerne da matéria está nos problemas práticos, porque isso é uma ideia falsa. Uma aplicação prática deve ter o papel de reforçar o aprendizado, não o de confundir o significado da questão.

Como foi dito acima, a aplicação prática é um segundo universo, que transcende a Matemática, e o professor não deveria esquecer nunca este fato.

Quando o aluno faz uma operação com números, está fazendo uma operação geral, ou genérica, se preferir. Quando retira valores de um problema prático e faz contas para chegar à solução, está tratando de uma situação específica. Por isso os problemas práticos devem ser feitos como complemento do aprendizado, i. e., como ampliação de horizontes. É claro que uma situação prática pode ser usada como elemento motivador, para se chegar a conceitos gerais. Mas o ideal é aprender a situação geral e aplicá-la em situação específica, não o contrário. Se o examinador quer algo mais próximo do concreto, pode usar situações geométricas. Em lugar de um pedaço de tábua, pode falar de um segmento. Em lugar de um disco de pizza, um círculo, simplesmente. Mais à frente, use-se o disco de pizza, com todo o apetite que ele puder abrir.

Aqui vai um exemplo de situação prática. Paulo tinha de percorrer uma certa estrada em três dias. No primeiro dia andou 1/3 dela. No segundo dia andou mais 3/5. Que fração falta para percorrer no terceiro dia?

Primeiro nosso aluno André somará as duas frações, obtendo 14/15. Para descobrir o que falta para a estrada inteira, que é o inteiro 1, ou a fração 1/1, ele fará a subtração 1/1 – 14/15. Aplicando o múltimo comum 15, ele terá 15/15 – 14/15, e chegará ao resultado 1/15.

Para a última operação, de subtração, André pode tirar a prova real, somando o subtraendo 14/15 com o resultado 1/15. Ele vê que obtém

15/15, que, simplificado, dá o inteiro 1, que é a estrada toda.

Agora vejamos um problema puramente teórico, mas baseado na Geometria. O aluno André desenhou no caderno um quadrado, com altura de aproximadamente 4 centímetros. Com o lápis, dividiu-o ao meio horizontalmente e verticalmente, formando quatro quadrados congruentes ("congruente": de medidas iguais). Em seguida andré pintou com o lápis o interior do quadradinho do canto superior direito. Depois, dividiu ao meio o quadradinho do canto inferior esquerdo, de cima abaixo, formando dois pequenos retângulos. Agora, dos dois retângulos formados, ele pintou o da direita. Pede-se a fração que representa a área pintada dentro do quadrado original.

Para resolver, André verifica que, ao pintar o quadradinho do canto superior direito, ele pintou 1/4 da figura completa. Ao dividir ao meio o canto inferior esquerdo e pintando o retângulo que surgiu à direita, ele pintou 1/8 do quadrado grande. Ele soube que foi 1/8 porque o canto inferior é um quadradinho representando também 1/4 do total, e ele dividiu esse quadradinho ao meio. Ele sabia que metade de um quarto dá 1/8, mas quis conferir isso fazendo as contas. Sabendo que uma fração "de" outra fração é a multiplicação das duas (esse "de" entre frações significa "vezes"), ele efetuou 1/2 vezes 1/4, obtendo 1/8. Então para achar toda a área pintada ele somou ½ com 1/8. Aplicando o múltiplo comum 8 e fazendo a soma das duas frações resultantes, 4/8 e 1/8, chegou à resposta, 5/8.

Para que o aluno aprenda frações, como qualquer outro tema rico da Matemática, não é de silêncio que ele necessita, mas de respeito, diálogo, atenção e dedicação. Quando o professor está explicando o assunto, o silêncio é quebrado pela fala do mestre. No momento seguinte, dos exercícios, os alunos precisam dialogar, sobre o tema em questão. Deve haver silêncio, sim, durante as avaliações individuais, porque nesse momento a comunicação deve ser vedada, sendo a fraude discente um dos maiores inimigos do aprendizado. Mesmo o velho costume que alguns professores têm de explicar as questões da prova antes que os alunos as tentem decifrar, é prática danosa, porque atrasa o desenvolvimento da capacidade de interpretação.

Percentuais. Como André já estudou também as operações com numerais decimais e os cálculos de percentagem, o professor pediu uma parte B, na resolução daquele exercício. A anterior era parte A. Perguntou quanto por cento do quadrado original representava aquela área pintada. Como André já tinha obtido a fração 5/8, só precisava passar esse resultado para a notação de numerais decimais e escrever o percentual correspondente. Dividiu 5 por 8, em operação racional, isto é, com vírgula, e obteve o valor 0,625, que se lê como "zero vírgula meia dois cinco" ou como 625 milésimos - se a divisão de 5 por 8 fosse em operação inteira, ele teria obtido 0 de quociente, que, multiplicado pelo divisor e subtraído no dividendo, daria resto 5. Como ele quer saber quanto por cento esse valor está representando, e "por cento" significa "centésimo", então ele escreveu 625 milésimos como 62,5 centésimos, que é o mesmo que 62,5%. Na prática, André já sabe que qualquer número escrito com vírgula é transformado em "por cento" com a passagem da vírgula para duas casas à direita. De 0,625, bastou fazer a vírgula pular o "6" e o "2" e escrever o símbolo de "por cento". O que ele fez, implicitamente, foi multiplicar 0,625 por 100 e agregar o símbolo "%", que representa multiplicação por 1/100.

Antes de chegar a essa habilidade de mexer com percentuais, André tinha aprendido muito bem as quatro operações com numerais decimais.

Para adição, ele aprendeu que a conta é armada dispondo-se vírgula sob vírgula. Para subtração, além de montar os números dispondo vírgula sob vírgula, devem ser preenchidos com zeros os espaços à direita de modo a completar a casa decimal acompanhando o número que tem mais algarismos a direita da vírgula. Por exemplo, para fazer 23,45 menos 8,7592, na hora de armar escrevemos 23,4500, pois o número que virá abaixo deste, 8,7592, tem quatro casas decimais. Para escrevê-lo na conta colocamos o algarismo 8 sob o algarismo 3 do minuendo, e assim a vírgula deste número estará sob a vírgula do outro.

Para multiplicar números em notação de decimais, é irrelevante escrever vírgula sob vírgula, porque a posição da vírgula no resultado vem de outro tipo de observação. Basta contar quantas casas após a vírgula estão no primeiro número e somar com a quantidade de casas após a vírgula no segundo número, e este será o número de casas após a vírgula no resultado. Por exemplo, para fazer 12,3 multiplicado por 7,915, multiplicamos estes fatores como se eles fossem inteiros, sem preocupação com vírgula. Terminada a multiplicação de inteiros, contamos as casas após a vírgula em cada um. No primeiro, há só uma casa. No segundo, três casas. O total é de quatro casas após a vírgula e isto é o que deve ser observado no resultado final. Antes de pôr a vírgula, o número que aparece é 973545. Como contamos quatro casas, ficaremos com 97,3515.

Finalmente, André aprendeu que para dividir números com vírgula o mais conveniente é igualar a quantidade de casas após a vírgula, como na subtração, e levar a vírgula para o fim, tanto do dividendo como do divisor. Assim, para 72,4 dividido por 1,521, escrevemos antes da chave 72,400 e, dentro dela, 1,521. Como ficam três casas decimais em cada um, eliminamos a vírgula, dividindo agora 72400 por 1521. Ele já sabia que, no caso de uma divisão como 5 por 4, ao baixarmos o último algarismo que cria um valor superior ou igual ao divisor, no próximo a ser baixado, mesmo que seja zero, colocamos uma vírgula sob a chave antes de escrever o algarismo resultante. Em 5 dividido por 4, o primeiro passo dá algarismo 1 no quociente, com 1 no resto. Não haverá mais algarismos para baixar na parte inteira, significando que o 5 representava o último dessa natureza. O próximo a ser baixado, já que não aparece outro após vírgula, é 0. Então antes de escrever o resultado de 10 (1 acrescido do algarismo 0, baixado) dividido por 4, que será 2, escrevemos uma vírgula, que ficará entre o 1 e o 2. O resultado final será 1,25.

4. Operações elementares

Quando falamos em operações aritméticas elementares, mesmo incluindo as operações com frações e numerais decimais, entendemos que elas são quatro: adição, subtração, multiplicação e divisão. Ora, encontrar potências e raízes talvez não sejam ações muito elementares, mas podemos chamar de operações aritméticas básicas, pois são aprendidas no curso primário e no liceu júnior, nosso velho curso ginasial.

Seriam seis as operações aritméticas elementares? O escritor de divulgação científica Yákov Perelman jurava que são sete. A sétima operação, escreveu ele no livro Álgebra Recreativa, é o cálculo de logaritmos, a invenção de John Napier de que já falamos.

Yákov Isidorovitch Perelman nasceu em 1882 na cidade russa de Grodno, que hoje pertence à Polônia, e morreu em 1942, em São Petersburgo. Formado pelo Instituto de Tecnologia Florestal desta cidade, ganhou renome como escritor de ficção científica e de livros de popularização de temas de Física e Matemática. Morreu de inanição, dois meses depois de sua esposa Anna Davidovna ter passado pelo mesmo destino, durante o cerco nazista à cidade.

Os russos desenvolveram grande apego às ciências exatas nas primeiras décadas do século XX, e um dos responsáveis por isso é o escritor Perelman. Alguns de seus livros importantes estão traduzidos para espanhol, português e inglês e são um instrumento poderoso na mão de famílias que querem tirar dos filhos o pavor da Matemática.

Logaritmos. No caso da classificação do cálculo dos logaritmos como sétima operação elementar, ele pode ter exagerado um pouco.

A justificativa dele é a que vem a seguir. As quatro operações elementares iniciais, uma funcionando como operação inversa da outra, formam dois pares. A subtração é a inversa da adição e a divisão é a inversa da multiplicação. Quando consideramos a potenciação, tomamos como operação inversa a raiz, que dá como resultado a base da potência. Por exemplo, 3^2 dá 9, e se alguém me dá o número 9 para descobrir a base da potência que o gerou, a operação inversa será a raiz quadrada de 9, que sabemos que dá 3. Neste par de operações ficou implícito que o expoente da potência era 2 e este mesmo 2 foi usado como índice do radicando: não poderíamos ter feito raiz cúbica, de índice 3, mas raiz quadrada. Ora, quando extraímos a raiz quadrada, raiz de índice 2, de nossa potência, encontramos a base. Quando aplicamos o cálculo de logaritmo nessa mesma potência 9, sabendo que a base é 3, encontramos o expoente. Neste trabalho de potenciação não temos apenas potência e raiz, mas também logaritmo. Quando aplicamos logaritmo a uma dada potência, de base b, descobrimos a potência que sobre aquela base gerou a potência, ou logaritmando, que temos. Assim, além das quatro operações elementares do curso primário, temos agora mais três operações. O total é sete.

Pesa ainda a favor da posição de Perelman o fato de que nas operações anteriores a inversa é aplicável do mesmo modo sobre qualquer um dos componentes da operação de partida. Por exemplo, em 4+5 = 9, podemos aplicar a inversa fazendo 9-5, que dá 4, ou 9-4, que dá 5. Se multiplicarmos 4*2 = 8, podemos aplicar a inversa fazendo 8:2, que dá 4, ou 8:4, que dá 2. No caso da potência, diferentemente, a operação muda. Em 3^2, para acharmos a base usamos a raiz, enquanto que para acharmos o expoente, usamos o logaritmo.

E por que não é tão automática a aceitação desse fato? Por que não instituir já que o cálculo do logaritmo é a sétima operação aritmética elementar? O motivo é o próprio processo de cálculo. É possível achar os logaritmos usando apenas aritmética, mas o trabalho com a operação é quase sempre apresentado com o uso de recurso algébrico. Para encontrar o valor de um logaritmo numa dada base, igualamos esse logaritmo a uma variável **y** e, aplicando a operação inversa, que é a potenciação, descobrimos o valor de **y**, isto é, do expoente envolvido.

Para encontrar logaritmo de 9 na base 3, $\log_3 9$, igualamos a expressão a **y** e, pela operação inversa, escrevemos uma potência de base 3, com aquele expoente **y** (lembremos que **y** é o logaritmo e este representa o expoente) e igualamos ao logaritmando 9. Resolvendo a equação exponencial $3^y = 9$, descobrimos o expoente (basta fatorar 9, fazendo $3^y = 3^2$ e cortar 3 com 3).

Pelo método puramente aritmético, aplicamos a terceira propriedade de logaritmos, que assegura que logaritmo de uma potência é igual ao expoente multiplicado pelo logaritmo da base. Assim, em $\log_3 9$, que é $\log_3 3^2$, "tombamos" o expoente 2, chegando a $2*\log_3 3$. Como logaritmo da própria base é sempre 1 (a base 3 elevada ao expoente 1 dá 3), basta multiplicar 2*1 e teremos o valor do logaritmo, 2. (As quatro propriedades são: primeira, logaritmo do produto, $\log_a(u*v) = \log_a u + \log_a v$; segunda, logaritmo da divisão, $\log_a(u/v) = \log_a u - \log_a v$; terceira, logaritmo da potência, $\log_a x^p = p*\log_a x$; quarta, mudança de base, $\log_b x = \log_a x / \log_a b$.)

Tudo parece muito simples, mas a garantia de que logaritmo da base é sempre 1, assim como a de que logaritmo da potência é o expoente multiplicado pelo logaritmo da base, essa garantia é obtida por processo algébrico.

Logaritmo, apesar da forte componente aritmética que apresenta, é um tema algébrico.

Uma senhora que conheci muitos anos atrás, e que só havia concluído o curso primário, perguntou-me certa vez:

- A escola ainda ensina logaritmos?
- Claro, ensina, sim, mas como a senhora sabe sobre logaritmos, se só estudou até a quarta série?
- Estudei o assunto na quarta série, sim, ela respondeu.

A quarta série primária de antes é o quinto ano de agora, para alunos de 10 anos de idade. Pois é. No quinto ano, completando-se as operações aritméticas, a escola ensinava logaritmos. Mas eu posso ter feito uma confusão, quando ela me disse que cursou até a quarta série. Talvez ela se referisse à quarta série ginasial, que é o nono ano de hoje. De qualquer modo, era muito cedo. Certamente era assim também na cidade de Perelman. Com o passar do tempo, os responsáveis pela distribuição dos tópicos no currículo foram percebendo que o assunto deve ser abordado mais à frente, dentro do campo das funções, com tratamento algébrico, no Ensino Médio.

Facilitação. Os alunos sempre reclamarão da quantidade de assuntos que têm de estudar e do grau de dificuldade dos tópicos, mas a simplificação nas últimas décadas foi grande. Alguns anos antes de eu passar pelo ensino médio, os alunos da modalidade "colegial científico" estudavam em Matemática o capítulo Séries, um assunto vasto e profundo, que pertence hoje ao segundo ano da universidade. Em Física, ainda em meu tempo estudávamos os problemas de gravidade com o valor 9,78 m/s^2 para a aceleração, não o valor arredondado de 10 m/s^2 de hoje. No capítulo Eletricidade estudávamos as malhas de correntes e tensões usando determinantes, para aplicar a Lei de Kirchhoff. As unidades, já no primeiro ano do ensino médio, não seguiam a unificação do Sistema Internacional, mas intercambiavam-se, ora no sistema MKS (metro, quilo, segundo), ora no sistema CGS (centímetro, grama, segundo). Estes são apenas alguns exemplos de como as contas eram mais trabalhosas no século XX, em comparação com as do século XXI. E não adiantava o professor de física permitir uso de calculadoras, porque elas eram ainda à base de manivela. As calculadoras com visor de cristal líquido foram lançadas em 1972, utilizando o invento de Pierre-Gilles de Gennes, o grande cientista francês, Prêmio

Nobel, morto em 2007.

Nos anos finais do curso médio, cabe utilizar calculadora em laboratórios de Física e Química, mas a escola só deve admitir uso de calculadora se for científica. Quando o aluno pede para usar calculadora e aparece com uma maquininha de feira (sem demérito à feira), com as quatro operações e um símbolo de raiz quadrada, mais um símbolo de percentagem que induz a um erro brutal de Lógica (volto nisto depois), é um aluno preguiçoso ou mal orientado, que quer evitar de fazer contas no papel. A calculadora científica, no entanto, assim como a financeira, permite fazer operações que não podem ser feitas manualmente. Quase sempre, isso gira em torno de potências. Na calculadora financeira, por exemplo, podemos descobrir a raiz de um polinômio de grau 25. Um professor de Física que, desde o primeiro ano do ensino médio, deixa os alunos à vontade para usar calculadora das quatro operações nas provas, dizendo que o que interessa a ele como examinador são as fórmulas e os conceitos, não a Aritmética, este professor está trabalhando contra seu colega de Matemática. Os alunos dessa fase, 15 anos, estão ainda imaturos no uso dos números, tanto que querem fazer multiplicações de inteiros na calculadora. Eles precisam que os professores exijam treinamento deles nesse campo, e o professor de Matemática sozinho não consegue. Muitos querem criar um currículo de ensino médio em que o aluno tenha Matemática e nada mais de ciências exatas. É uma ideia antieducativa, porque a Matemática é aprendida de modo consistente quando o aluno a aplica nas matérias em volta. As aplicações são muito variadas e não cabe ao docente de Matemática mostrá-las, a não ser em um ou outro exemplo.

Sistema. Assim, é quando o aluno precisa trabalhar com potências de base 10, ou, por exemplo, raízes cúbicas e raízes quínticas de quaisquer números, que ele deve ter permissão de usar as máquinas, e isto quase sempre ocorre no laboratório. E para saber trabalhar com raízes, é necessário antes dominar o significado das potências.

A ideia das potências de base 10 está na construção dos sistemas de numeração. Nós usamos, há séculos, a base decimal, mas na Antiguidade teve amplo uso a base sessenta, na Mesopotâmia. Quando os europeus chegaram à América, os incas usavam bases 8 e 20, enquanto que os maias usavam 20 e 180. A inspiração para o uso do número 20 deve estar em nossa quantidade de dedos. O número 180 era aproximação de metade dos dias do ano. Quanto ao número 8, não se sabe de onde tiraram a ideia.

Qualquer número natural na base 10, ou base decimal, pode ser escrito na forma polinomial, isto é, em notação de potências de base 10. Como escrevemos nessa forma o número 245, por exemplo? Fazemos: 245 = 2*10²+4*10+5 (este segundo 10 está elevado ao expoente 1, que não precisa ser explicitado, e a unidade 5 está multiplicada pela potência 10 elevada a 0, que, como vale 1, igualmente não precisa aparecer, porque é o elemento neutro da multiplicação).

A cada posição, neste sistema de numeração, do fim para o começo do número, vamos multiplicando o algarismo pela potência de 10 cujo expoente é essa posição invertida menos 1. Se estou na última posição, caso do algarismo 5 acima, considero-a posição 1, e elevo 10 a 0. Se estou na posição 2, do fim para o começo, elevo 10 a 1, e assim por diante. Se o número começa com 4 e tem seis algarismos, a forma polinomial começará com 4 multiplicado por 10 elevado a 5, que é 6-1, já que o último expoente é 0, de 1-1.

Se o sistema está na base binária, que é a base usada nos computadores e só utiliza os dígitos 0 e 1, os bits, um número na forma polinômica pode vir escrito como $1*2^4+0*2^3+1*2^2+1*2^0$ (na base 10, o último algarismo é 9 e a base da potência é 10, enquanto que na base binária o último algarismo é 1 e a base da potência é 2, este já entendido como número da base 10). O número escrito na base binária toma só os coeficientes, que já aparecem na ordem do sistema posicional: 1011. Para saber quanto vale em base 10 esse número começado por 2^4, fazemos: 1*16+0+1*4+1*1, e isto dá 16+0+4+1=21. E quanto será que dá 1110 passado para a base 10? Fazemos: $1*2^3+1*2^2+1*2^1+0*2^0$. Isto dá 1*8+1*4+1*2+0, ou 8+4+2+0=14.

Quanto ao sistema de numeração de base 60, dos assírios e babilônicos, ele continua tendo uso ainda hoje, malgrado todo o esforço dos cientistas durante a Revolução Francesa pela unificação no sistema decimal de medidas. Aquela base nós usamos da divisão da hora e na divisão do ângulo em grau. Uma hora é dividida em 60 minutos, os quais, a seu tempo, são divididos em 60 segundos cada. A mesma nomenclatura é usada no grau, que é dividido também em 60 minutos, que são divididos cada um em 60 segundos. Quando escrevemos 10 minutos, não sabemos se estamos falando de tempo ou de ângulo, mas se usamos a notação do Sistema Internacional de Unidades, fica fácil distinguir. Se estamos tratando de tempo, escrevemos 10min. Se falamos de ângulo, escrevemos 10'. Para escrever 5 segundos de tempo, fazemos 5s, enquanto que 5 segundos de ângulo é 5". O aluno jamais deverá querer ganhar tempo escrevendo um apóstrofo para indicar minutos de tempo, pois o apóstrofo é minuto de ângulo. Até aproximadamente o ano de 1960, muitos livros escolares chamavam essas unidades de base 60 de medidas "complexas", mas era um abuso de linguagem. Não há relação com o conceito de complexo aí. Apenas a base é diferente de nossa base 10.

5. O fiasco da Matemática "Moderna"

Nos três triênios iniciais, cursos elementar, primário e do liceu júnior, a grande mudança introduzida em 1962, na chamada Matemática Moderna, foi pouco a pouco sendo diluída e praticamente evanesceu. A importância daquela alteração estava na unificação da linguagem, para Aritmética e Álgebra, que ganhava um rigor de que se ressentia antes. Os autores de livros escolares não se entendiam quanto a notações e até a conceitos. Com a Matemática Moderna, toda a linguagem foi uniformizada.

Conjuntos. O erro estava no exagero dado à Teoria dos Conjuntos. Os currículos substituíram tópicos e métodos importantes por grandes estudos de conjuntos, sem que aquilo trouxesse ganhos para os alunos em termos de base de aprendizado para enfrentar assuntos mais avançados. A impressão que os responsáveis pela mudança pareciam passar era a de que eram mais importante saber Teoria dos Conjuntos que saber as operações aritméticas elementares tradicionais. Tanto foi assim que surgiu em 1973 um livro chamado "Why Johnny Can't Add" (Porque Joãozinho não sabe contar), traduzido no Brasil como "O Fracasso da Matemática Moderna" (que era o subtítulo em inglês), tratando de ridicularizar aquela febre intelectual.

No livro, o autor, Morris Kline, procurou diagnosticar as perdas que as escolas tiveram no aprendizado por causa da nova moda. Inquirido pelo professor sobre quanto dá 3 vezes 4, Joãozinho responde que, pela propriedade comutativa da multiplicação, o resultado é o mesmo que 4 vezes 3. Nem passava pela cabeça dele que a resposta deveria ser 12. Isso porque o tempo de aprendizado dele era tomado por conceitos intermediários que são muito importantes para matemáticos profissionais, mas que para as crianças serviam mais para confundir. É importante saber a propriedade comutativa? Sim, mas como uma ferramenta para os cálculos, não como um assunto autônomo dentro da matéria. Seria como, na leitura, dar maior ênfase à soletração da palavra que à leitura da palavra em si. O professor escreveria na lousa a palavra Envelope e pediria a Joãozinho para lê-la. Ele então diria "E-n-v-e-l-o-p-e", letra por letra, sem nunca conseguir pronunciar o vocábulo. Era uma situação equivalente a esta o que a Matemática Moderna estava produzindo no desenvolvimento das crianças.

O professor Jean Dieudonné, o nome mais notável entre os que formularam e disseminaram aquela alteração no ensino, não fez experiências-piloto e não tinha como prever uma tal situação. Mas se uma lição pode ser tirada daquela confusão é a de que não se deve, no sistema de ensino, aplicar uma mudança grande demais de uma só vez. Corre-se o risco de comprometer o aprendizado de uma geração inteira.

Rigor. O que era necessário introduzir era a linguagem rigorosa, que incluía o uso da linguagem de conjuntos. Isso não demandava que os alunos gastassem semestres inteiros estudando Teoria dos Conjuntos, sacrificando estudos que sempre foram fundamentais em seu crescimento intelectual.

E tudo aconteceu dentro do contexto da Guerra Fria, na esteira da política mundial.

No dia 12 de abril de 1961 os russos enviaram um homem ao espaço, Yúri Gagárin, que circundou a Terra na nave Vostok, voando acima da atmosfera à velocidade de 28.000 km/h. Antes disso, desde o lançamento do satélite Sputnik, em 1957, os russos tinham enviado ao espaço 49 cães, dos quais 20 morreram em missão. Com o envio de Gagárin, cientistas dos Estados Unidos e da França atenderam ao apelo de seus governos por uma renovação no sistema de ensino, sob a constatação de que os países ocidentais estavam atrasados no desenvolvimento da ciência. O resultado foi o desastre da introdução da Matemática Moderna.

Jules-Henri Poincaré, o último cientista a dominar todos os campos da Matemática, morto em 1912, tinha deixado um diagnóstico: "A Teoria dos Conjuntos é uma grave patologia, da qual a Matemática vai curar-se em breve". Antes da cura, 50 anos depois da morte dele veio essa decisão de lançar de cima para baixo sobre a cabeça das crianças aquela "patologia". No Brasil houve alguma resistência, mas ela não prevaleceu. O Professor Omar Catunda, participando na França da reunião que tomou a grande decisão, ao ouvir Dieudonné gritar "Abaixo Euclides!", resmungou: "Em meu país, pelo menos Euclides!"

A cura só começou a ser delineada com o lançamento do livro do Professor Morris Kline, em 1973.

Não penses, leitor, que o problema foi resolvido por completo. Ainda hoje, em fase avançada do século XXI, muitos autores escrevem seus livros didáticos de Matemática com capítulos de Teoria dos Conjuntos e com predileção por obtenção de resultados numéricos via contraproducentes métodos baseados em conjuntos, em detrimento de métodos práticos e eficientes.

6. Correção na linguagem

Foi de enorme valia a adoção do rigor na linguagem e sua unificação, mas nós continuamos, principalmente no Brasil, a repetir, em livros e em salas de aula, jargões inadequados ao introduzir conceitos, definições e técnicas.

Primo. Um caso emblemático é a definição de número primo. Em Matemática devem ser evitadas ideias subentendidas, conotações e duplos sentidos. Mas as crianças ainda são vítimas dessas imperfeições. Assim, os livros de Matemática elementar ainda definem número primo como o "número que é divisível por 1 e por ele mesmo". É difícil escrever uma sentença mais falsa, pois o número 1 é "divisível por 1 e por ele mesmo", e ele nunca foi primo.

O uso da palavra "primo" aqui é no sentido italiano, ou latino, de "primeiro". Ele é "primeiro", ou o menor, de uma sequência de múltiplos. Assim, o número 2 é o primeiro da sequência dos pares, enquanto que o 3 é o primeiro da sequência dos triplos, ou múltiplos de 3. O número 4 já faz parte da sequência dos múltiplos de 2 e, como mostrado no Crivo de Eratóstenes, já está cortado e não pode iniciar uma sequência de múltiplos. Eratóstenes, o mais famoso dos bibliotecários de Alexandria, matemático e grande inventor, apresentou o método prático de obtenção dos primeiros números primos, que é o seu Crivo, ou critério. Escrevemos os números inteiros positivos até um certo valor, por exemplo, 20. Vamos marcando com uma bolinha o primeiro de cada sequência e cortando os que vêm depois. O número 1 é riscado de antemão, porque se fosse considerado primo, todos os seguintes, como são divisíveis por ele, seriam cortados e não sobraria nada. Por isso começamos pelo número 2. Fazemos uma circunferência em volta dele e vamos riscando os múltiplos, isto é, vamos contando de 2 em 2 e cortando: o 4, o 6, o 8, até o 20. O primeiro número não cortado é o 3, portanto ele é primo e o circundamos. Vamos contando de 3 em 3 e cortando. Depois fazemos o mesmo com o 5, com o 7, com o 11, etc.

Se tu, leitor, não te lembravas do método de Eratóstenes para identificar números primos, aí está ele, na íntegra.

Os números naturais que não são primos, isto é, que são produtos de outros números, são chamados números compostos. O Teorema Fundamental da Aritmética tem como enunciado a seguinte sentença: todo número natural maior que 1 é primo ou é um produto de números primos.

Mas como seria uma definição precisa do conceito?

Uma sentença irretocável, do ponto de vista lógico, é a seguinte: "Número primo é todo número inteiro positivo que tem exatamente dois divisores distintos."

Nos exemplos e exercícios, que são sempre necessários para o aprendizado da Matemática, fica explicitado que esses números são 2, 3, 5, 7, 11 e todos os seguintes com apenas dois divisores: o número 1 e o que se está testando.

E como seria corrigida a definição costumeira, aproveitando sua preocupação didática?

É simples. Basta escrevê-la assim: "Número primo é qualquer número natural maior que 1 que é divisível por 1 e por ele mesmo".

Como o aluno parte agora de números inteiros maiores que a unidade, não correria o risco de achar que o número 1 é primo. Mas a velha definição errada lhe dava o direito de achar isso.

Alguém pode imaginar que número primo é uma coisa muito boba e não merece tanta discussão. Essa pessoa está totalmente enganada. A ideia não é nada boba e merece não só discussão como vultosos investimentos em pesquisa nos dias atuais.

Para que ladrões não descubram tua senha de conta bancária, leitor, as organizações financeiras, ao lado das universidades, privadas ou oficiais, gastam fortunas na pesquisa com os números primos. Constrói-se o maior dos primos e em seguida já surgem prêmios para quem obtiver outro que o supere. Quantos maiores forem os primos usados, maior será a segurança na criptografia, não só bancária, como também governamental, estratégica, acadêmica e até das comunicações pelo programa Whatsapp. Em outubvro de 2018, o maior número primo conhecido é 2 elevado a 77.232.917, menos 1.

Outro estorvo antigo que ainda é defendido por muitos é o uso de desnecessárias interfaces no aprendizado de conceitos e no uso de certas técnicas. Elas são chamadas de "muletas" pelos mais críticos. A complicação que elas apresentam é que representam mais um esquema para o aluno aprender, e é um esquema que pode ser dispensado, o que reduz a quantidade de fatos a memorizar.

Divisor. Um exemplo é a velha cancelinha, parecida com uma armação de "jogo da velha", usada para o cálculo do máximo divisor comum. O aluno tem de decorar em que alvéolo escreve o quociente e em qual escreve o resto em cada etapa. Sem tal memorização, o processo não continua. Ora, ele só precisava saber que após cada divisão, do maior pelo menor dos dois números, o divisor, que ainda não é o comum, será usado como dividendo na conta seguinte, que terá o resto anterior como novo divisor. Sim, há uma recursividade aí, algo não muito intuitivo para as crianças, mas ela só envolve duas transformações: divisor da conta anterior torna-se dividendo e resto da conta anterior torna-se divisor. Nesta altura, nosso aluno André já aprendeu que não se divide número inteiro positivo por zero. Assim, ele sabe que quando chegar a um resto zero, este não pode ser transformado em divisor e o último divisor na chave é o máximo entre os divisores comuns aos dois números de partida.

Como um exemplo, André mostra como ele obtém o máximo divisor comum entre 30 e 21. Ele divide 30 por 21 e vê que o resto é 9 (o quociente é 1, mas ele é irrelevante, a menos que esteja errado). Vai para a segunda conta, que será de 21 por 9 (divisor virou dividendo e resto virou divisor). Sem se preocupar com o valor do quociente (que precisa estar correto), ele vê que o resto é 3. Vai para a terceira conta, que agora terá 9 como dividendo e 3 como divisor. Efetuando a conta, ele obtém resto zero, e não poderá dividir mais. O divisor final foi o 3, que está na chave. É o valor do Máximo Divisor Comum procurado.

André sabe outro método? Sim, o da decomposição termo a termo (a decomposição simultânea ele sabe que é usada para Mínimo Múltiplo Comum). Faz a fatoração em primos do número 30, que mostra na vertical 2, 3 e 5, e, em separado, decompõe o número 21, que mostra os primos 3 e 7. Ele circunda o que é comum às duas decomposições: o número 3. Se essas decomposições fossem 2*3*3*7 e 2*3*3*3*5, respectivamente, dos números 126 e 270, André circundaria os dois fatores 2 em um e outro, depois os doi fatores 3 do primeiro, relacionando-os aos dois primeiros fatores 3 do segundo. O Máximo Divisor Comum neste caso é 18. O terceiro valor 3, na decomposição de 270, não tem um êmulo comum na outra decomposição, e não entra no resultado, que só quer saber dos fatores (divisores) comuns.

Que faz o professor ante dois métodos igualmente eficientes para obter o mesmo resultado? A certeza maior que ele deve ter é que não deve devotar aos dois a mesma ênfase. Diante disso, deve avaliar qual dos dois métodos é mais vantajoso para a vida escolar do aluno. Às vezes um método mais trabalhoso e lento é preferível, se os recursos usados nele serão ferramentas indispensáveis nas etapas seguintes do aprendizado. No caso presente, ele tem razão de sobra para preferir o método da decomposição em primos. E se fizer isso, deve apresentar o método das divisões sucessivas, aquele primeiro, como uma curiosidade, deixando claro para a turma que a preferência dele é pela decomposição. Mas àquele colega que já tende a preferir a decomposição em primos, eu lembro que minha preferência recai sobre o método das divisões sucessivas, porque a decomposição o aluno já faz para encontrar o mínimo múltiplo comum.

Se há dois métodos, os alunos sempre devem aprender ambos? Nem sempre. Há casos em que um dos métodos é claramente obsoleto, ou está em vias de aposentar-se Não se deve gastar tempo com ele. A inconveniência de mostrar um método só quando há mais de um é que se o aluno o esquecer na prova, fica sem alternativa. Mas os alunos sempre preferem aprender apenas um método, se é eficiente, em lugar de aprender dois e correr o risco de fazer confusão. Pela lei do menor esforço, dizem que se um método já resolve a situação, o outro fica como algo dispensável.

Noves. Um método que se aposentou na introdução da Matemática Moderna, pelo lado bom, que era a justa exigência do rigor, foi a famigerada "prova dos noves". Poucos professores sentiram falta dela.

O recurso aritmético utilizado para construir a "prova dos noves" não foi perdido, pois ele continua sendo utilizado no critério de divisibilidade por 3, 6 e 9, e consiste em somar os algarismos que formam o número (se o resultado é 3 ou múltiplo de 3, o número é divisível por 3, se além disso for par, é divisível por 6, e se, independentemente de ímpar ou par, o resultado é 9 ou múltiplo de 9, o número é divisível por 9).

Funcionava assim: no caso da adição, fazia-se a soma dos algarismos do resultado, tirando noves fora, isto é, descontando 9 cada vez que a soma ultrapassasse ou alcançasse esse número. Se a soma desse 15, tirava-se 9 e ficava-se com 6. Depois o aprendiz repetia a operação com os números das duas parcelas, somando todos os algarismos de uma vez, como se os dois fossem um número só. Se o "noves-fora" do resultado deu 6 e o das parcelas também deu 6, acreditava-se, temerariamente, que a conta estava correta.

Se o "noves-fora" das parcelas desse outro valor, 8, por exemplo, então seguramente a conta estava errada (ou estava errada a conta feita na hora de tirar a prova). No caso de o valor ser coincidente, nada feito! Não se tinha "prova" de que a conta estava correta.

Onde está a falha? O que ocorre aí é que se a soma dos algarismos do resultado deu 15 e o "noves-fora" resultou em 6, a soma das parcelas poderia ter terminado em 24, que também tem "noves-fora" igual a 6 (basta efetuar 2+4). Um resultado que deu "noves-fora" igual a 1 pode ter vindo de 1, 10, 19, 28, até 91 (os seguintes, de 100 em diante, devem ser repetições). Se a soma total no resultado deu 82 (8+2=10 e 1+0=1), a soma nas parcelas teria de alcançar também 82, para haver coincidência. Como a comparação do valor com "noves-fora" não garantia certeza para a conta, condenou-se o método ao museu de inconsistências.

Zero. Não há nenhum problema quando o professor diz, informalmente, "número de cima" e "número de baixo" ao referir-se a numerador e denominador, porque não há risco de confusão. Ele apenas deve ter em mente que os alunos devem acostumar-se, pouco a pouco, com os nomes padronizados, para que sempre entendam os enunciados. Mas há apelidos que devem ser evitados a todo o custo. Por exemplo, não se deve nunca chamar "zero" de "nada". Quando alguém diz "nada", está tratando muito mais da ideia de "vazio", a condição do conjunto que não possui elementos, que da ideia de zero. O zero não é o vazio, mas a cardinalidade do vazio, isto é, o número de elementos contidos no conjunto sem elementos.

No lugar de considerar o número 0 como o centro da sequência dos números inteiros relativos (inteiros com valores negativos e positivos), poderíamos convencionar que o centro é qualquer outro número, apenas complicando um pouco mais as contas. Era o que ocorria no sistema geocêntrico, que considerava a Terra como centro do sistema solar. As contas simplesmente ficavam mais complicadas. Assim, o 0 não tem nada de especial em relação aos outros números por ser chamado de zero, mas por ter sido convencionado como o centro de simetria dos números inteiros, abaixo do qual só temos números negativos e acima do qual só temos valores positivos. Como o 0 é que foi escolhido para exercer este papel, ele se tornou um número muito especial.

Além de servir para marcar a posição nas casas sem algarismos positivos no sistema posicional, ele é o único número que pode receber ao mesmo tempo sinal positivo e sinal negativo, sem que ele seja positivo ou negativo, de modo que -0 e +0 são o mesmo número, 0. Mais à frente o aluno aprende que o 0 é a única função que é ao mesmo tempo par e ímpar, exatamente pelo fato de poder receber sinal positivo e sinal negativo sem mudar de valor. Este fato dá ao 0 uma vantagem em relação aos demais números. Mas existe um probleminha que faz com que este número carregue uma deficiência.

Trata-se do fato que faz com que os alunos desenvolvam um certo medo deste número tão especial. Como já foi dito acima, não se pode dividir um número positivo por 0, nem mesmo um número negativo. Quem quer que tente dividir por 0 um número diferente de 0, não conseguirá nunca. Por quê? Quando multiplicamos 2 por 3, obtemos 6. Se queremos saber por quem o número 2 foi multiplicado para ter dado resultado 6, basta fazer a operação inversa dividindo 6 por 2, obtendo 3. Assim, quando multiplicamos 2 por um número e obtemos certo resultado, basta dividirmos esse resultado por 2 e descobrimos quem foi esse fator. Se o resultado obtido é diferente de 0, jamais encontraremos um fator igual a 0. Se o fator é 0, o resultado só pode ser 0. E dividindo 0 por 2 obtemos o outro fator, que é 0. Suponhamos que não sabíamos o fator 2, mas conhecíamos o resultado 0. Para descobri-lo, tentamos dividir o resultado 0 pelo outro fator, que já sabemos que era 0. Dividindo 0 por 0 não descobrimos o valor 2. Isto é porque qualquer número multiplicado por 0 dá esse 0 do resultado. No lugar de 2 poderia estar um 3, um 4, um 300, ou mesmo algum valor negativo. Como 0 dividido por 0 pode dar qualquer valor, dizemos que a divisão de 0 por 0 é uma indeterminação.

Se algum aluno multiplicou 2 por 0 e obteve um número diferente de 0, um 6, por exemplo, o professor pedirá a ele que faça a verificação, pela operação inversa. Ele dividirá 6 por 2 e verá que o fator é 3, não o 0 que ele pôs lá. E para obter o fator 2, não é por 0 que ele divide 6, mas por 3. Dividindo 6 por 0 ele jamais chegará a lugar nenhum. Ele não deverá nunca dividir um número qualquer diferente de 0 por divisor 0. O número 0 não é divisor de nenhum número. Em compensação, o número 1 é divisor de qualquer número inteiro, como já vimos. Mas o 0 também tem vantagem neste terreno: como vimos agora, ele é múltiplo de qualquer outro número. O valor 0 dividido por qualquer valor diferente dele tem um resultado claro e imediato: 0.

O número 0, portanto, tem tudo de bom, a não ser essa deficiência de não poder ser divisor de outro número. Nenhum outro número pode ser dividido por 0. Outro problema é que se o empregado trabalhou o mês inteiro, não aceitará receber 0 como salário, e se o aluno acertou questões da prova, não aceitará receber nota 0. Mas aí não é culpa deste número especial.

Sinais. No século IV a C. Platão concebeu a ideia de números negativos, mas só depois de um milênio, com o matemático e astrônomo Brahmagupta, na Índia do século VII, foi que o uso desse tipo de números tornou-se funcional.

É necessário que o aprendiz primeiro adquira domínio dos números absolutos, isto é, dos números sem sinal negativo, para que possa aproveitar as vantagens de usar números relativos. Por isso não se fala de número negativo nos primeiros anos do curso elementar. Na altura do sexto ano, ou do sétimo, com pré-adolescentes de 11 ou 12 anos, é que o assunto passa a ser estudado.

O aprendizado do uso de sinais não traz dificuldades, mas o aluno precisa fazer muito exercício para deixar de cometer erros, por esquecimento ou por falta de atenção. Uma curiosidade é que, como nessa fase os meninos são menos atenciosos que as meninas, eles demoram oito vezes mais tempo que elas para adquirir o tirocínio necessário no assunto. Meninos, que são mais ansiosos para terminar suas tarefas escolares e ir brincar, devem, portanto, ter em mente que precisam de mais treinamento. Meninos e meninas, quando alcançam o domínio exigido no trato com os sinais, ficam igualmente aptos na Aritmética de números relativos e na Álgebra inicial.

André já está bem preparado nisso, mas gastou mais tempo no tema que suas colegas de classe Adriana e Júlia. Ele aprendeu que quando se somam dois números negativos, o resultado é um número negativo. Assim, somar -30 com -20 significa chegar ao número -50. Esta soma é escrita como (-30)+(-20). Ele aprendeu antes disso que +(-20) e -(+20) significam a mesma coisa e valem -20. Daí, para subtrair (-40)-(+20) ele altera esta expressão para (-40)+(-20), obtendo -60. Esta manobra de transformar subtração em adição chama-se soma algébrica. Tudo se passa como se existisse apenas adição, que se faz tanto com números negativos como com positivos. A operação de adição feita com números de sinais trocados, no entanto, obedece à ideia de subtração. Assim, somar +10 com -50, isto é, fazer (+10)+(-50), resulta em -40. Em termos práticos, se alguém ganhou 10 pontos no jogo e em seguida perdeu 50, seu saldo é uma perda de 40 pontos. Se tivesse ganhado 60 pontos e perdido 40 em seguida, seu saldo seria +20, como resultado da operação (+60)+(-20).

Se estamos com temperatura 6 graus negativos e o rádio diz que ela baixou outros 3 graus, o que temos é (-6) somado com (-3), ou (-6)+(-3), o que resulta em -9, ou 9 graus negativos.

Como -(+1) e +(-1) significam -1, André já aprendeu que pode fazer a soma algébrica sem usar parênteses, eliminando-os quando eles aparecem explicitamente. Ele sabe também que +(+1) significa +1, mas o que será -(-1)? O professor tinha explicado que quando aplicamos o operador oposto (negativo), o sinal de menos, a um dado valor, a representação do valor na escala numérica, ou na reta numérica, salta para o ponto simétrico. Quando desenhamos uma reta numérica horizontal no caderno, uma régua graduada com 0 no centro, tendo negativos antes e positivos depois, o número 1 ocupa a próxima posição inteira à direita de 0, e o número -1 ocupa a primeira posição à esquerda, isto é, a posição simétrica à do número 1, que é o mesmo que +1. Se aplicamos o operador oposto a este +1, fazendo -(+1), pulamos para seu simétrico, -1. Se aplicarmos o operador a -1, fazendo -(-1), pulamos para o lado oposto, +1. Tal fato funciona para qualquer número inteiro. Daí, -(-8), o oposto de -8, dá +8. Sabendo essas coisas, André viu como era fácil eliminar parênteses em soma algébrica. Uma operação como (+10)-(+5)+(-20) pode ser escrita como 10-5-20, sem passar pela fase (+10)+(-5)+(-20). No início ele fazia a operação na sequência de surgimento dos números, mantendo atenção no sinal resultante em cada etapa, mas depois percebeu que é mais prático somar os valores positivos, depois somar os valores negativos. O resultado é a conta de subtração entre os dois totais. No caso de 10-5-20 temos +10 e -25, cuja soma algébrica, neste caso uma subtração, dá -15. Se ele tem algo como 4-7-2+8-5-3+9, ele obtém +21-17, que resulta em +4.

Na passagem para o aprendizado dos sinais de multiplicação o professor tinha explicado que o símbolo de parêntesis tem significado de "vezes". Assim como a preposição "de" entre frações significa "veses", parêntesis entre números também representa esta operação. A conta 4*(-3), quatro vezes -3, pode ser escrita apenas como 4(-3). O resultado é, obviamente, -12, porque é o número -3 adicionado 4 vezes. Como +4(-3) está dando -12, tem-se aí um exemplo mostrando que "mais vezes menos" dá "menos". "Menos vezes mais" também dá "menos", porque é só uma questão de aplicar a propriedade comutativa. Multiplicar dois números de sinais trocados dá sempre o sinal "menos". Multiplicar dois números de sinal "mais", certamente resulta em "mais". O negativo não tem como cair do céu. O professor, porém, tinha mostrado algo que ficou fixado na lembrança de André. O número 1 é elemento neutro da multiplicação, de modo que multiplicar 1 por um número é o mesmo que não multiplicar: +1*8 é o mesmo que +8*1, que dá o próprio 8, ou +8. Se temos -1*8, isto dá -8*1, que é -8. Em -1*(-1) podemos escrever -(-1)*1, ou -(-1), que vale +1, simétrico de -1. Assim, para -1*(-8), fazemos -(-8)*1, que dá +8. A conclusão, por exemplos numéricos, é que "menos vezes menos" dá "mais". O professor tinha escrito na lousa a quadra que segue abaixo.

Se multiplico sinais,
Mais vezes menos dá menos,
Menos vezes menos, mais,
Para grandes e pequenos.

Ao fazer operação de divisão, o professor explicou que a regra de sinais é a mesma da multiplicação, pois a divisão é a multiplicação pelo inverso do número.

André não esqueceu nunca mais essas informações. Só precisou praticar.

Há, porém, um problema que muitos alunos enfrentam neste tópico, e ele se refere à linguagem que os professores utilizam. Grande parte dos professores tenta ensinar a regrinha de sinais de multiplicação substituindo a palavra "vezes" pela palavra "com". Ao dizer "menos com menos", remete o aluno à conta de adição. E ele terá muita dificuldade depois em distinguir os sinais da adição e da multiplicação.

Para que não haja confusão, o mais indicado é o professor dizer sempre "menos vezes menos", sem nunca usar a preposição "com" quando estiver tratando de multiplicação. E o próprio aluno deve treinar sua mente com a expressão "menos vezes menos", fugindo desse "com", mesmo que o professor continue rebelde, pronunciando aquilo.

Expressões. Quando o compromisso com o ensino primário começou a esvair-se, muitos professores gradativamente passaram a desprezar um tópico essencial no aprendizado da Aritmética, que é o das expressões numéricas. Antes da Matemática "Moderna" o assunto chamava-se "expressões aritméticas". Depois recebeu esse nome mais curto e, aparentemente, menos assustador, de "expressões numéricas". O tópico é importante por dois grandes motivos: ele funciona como um fecho do tema Aritmética, juntando todas as peças num único processo, e serve como treinamento para a Álgebra, que o aluno tem de aprender pouco depois. Esse treinamento vem por causa do aprendizado novo do uso dos "fechos", que são os parênteses, colchetes e chaves utilizados para laçar uma ou várias operações num mesmo exercício.

Antes de falar de expressões maiores, falemos das mais simplórias, que são as que contêm apenas operações entre números. Por exemplo, 8-5+4, que tem resultado 7. E se misturarmos adição e multiplicação? Então temos de obedecer à ordem das operações, que vem na sequência oposta à da cronologia do aprendizado: primeiro resolvemos multiplicações (e suas inversas, as divisões), e depois é que passamos às adições, com suas inversas, as subtrações.

Uma expressão como -5+3*8-2*3+4:2 não pode começar com a conta do -5, porque em seguida vemos que ele está sendo somado a um produto. Temos de repetir este -5 e fazer as operações de multiplicação e divisão. Ficaremos com -5+24-6+2. Agora ficou fácil, bastando somar os positivos e depois somar os negativos: 26-11. Isto dá 15.

Quando escrevemos acima (+10)-(+5)+(-20), mostramos uma expressão numérica, numa das formas também muito simples, com apenas parênteses, e dentro de cada um apenas um número. Podemos ampliar a ideia usando apenas parênteses, mas acrescentando operações dentro deles. Por exemplo, (-4+11)+(-7)-(+5-8). Há mais de um caminho, e, sem utilizar a regra das expressões numéricas, existe a tentação de eliminar de uma vez os parênteses. É possível, mas não é o método recomendável aqui, porque o momento é o de treinar o uso dos "braceletes". A técnica de resolução exige que, antes de eliminarmos os parênteses, façamos as operações dentro deles (lembro ao leitor que este modo de fazer não é obrigatório, mas o recomendado dentro da técnica que estamos apresentando). No exemplo, -4+11 resultará em +7 (basta subtrair de trás para frente). A expressão toda ficará: (+7)+(-7)-(-3). Agora que fizemos as operações no interior dos pares de parênteses, podemos dispensá-los, ficando com 7-7+3 (o sinal "+" no primeiro 7 poderia ter continuado, mas ele é totalmente dispensável no começo da expressão). Pelo método preferido do aluno André, ficamos com 10-7, que dá 3. Poderíamos também, antes de somar os positivos e somar os negativos, eliminar, por cancelamento, os números simétricos. Cortando 7 com -7 teríamos o resultado 3.

O exemplo inicial apenas com parênteses não veio à toa. É que a prioridade está com eles. Quando temos na expressão parênteses, colchetes e chaves, primeiros temos de resolver o conteúdo dos parênteses, (...), começando pelas operações no interior deles. Depois, a prioridade vai para os colchetes, [...], e, finalmente, para as chaves, {...}.

Se temos 18-3[4+5(6-8)]+2, antes de pensar nos colchetes temos de apenas repeti-los, porque a prioridade é tratar dos parênteses. Ficamos com 18-3[4+5(-2)]+2. Agora fazemos as operações dentro dos colchetes, porque este par de parênteses é só para guardar o sinal do número interno, -2. Teremos 18-3[4-10]+2, depois 18-3[-6]+2, o que dá 18+18+2 = 38.

Finalmente, vejamos um exemplo com chaves. Vamos resolver {3-[5+(8-3)]}-1. Primeiro, parênteses: {3-[5+5]}-1. Isto dá {3-10}-1. Resolvendo as chaves, temos -7-1 = -8.

Sabendo toda a técnica para expressões com números inteiros, o aluno a aplicará sem complicações quando tiver à frente dele expressões com potências e raízes, primeiro, e com frações, depois.

Os que tinham resistência a este tópico puseram o apelido de "carroção" a qualquer exercício de expressão numérica. Este apelido cheira a aritmofobia, com certeza.

7. Axiomas de Peano

O rigor na linguagem matemática veio da Teoria dos Conjuntos, mas não apenas dela. Foi uma exigência do tempo. Os professores David Hilbert, da Alemanha, e Giuseppe Peano, da Itália, ambos muito atuantes no início do século XX, foram grandes responsáveis por essa mudança, utilizando ou não a notação de conjuntos.

Jules-Henri Poincaré escreveu que o passo que na Matemática corresponde à Teoria da Evolução darwinista, da Biologia, é o axioma da Indução Finita, de Giuseppe Peano. Este é simplesmente o último dos cinco axiomas dos números naturais, que Peano apresentou ao mundo em 1889, num folheto de trinta páginas chamado "Novo método de exposição dos princípios da Aritmética" (*Arithmetices principia, nova methodo exposita*).

Peano era professor de Matemática, mas estava também preocupado com questões linguísticas. Em 1903 ele lançou a proposta de um latim moderno, o *latino sine flexione*, como alternativa ao idioma Esperanto. O latim simplificado de Peano foi chamado de *Interlingua de Peano*. Após muitas alterações e ramificações, feitas por outros estudiosos, consolidou-se como mais promissora a versão do linguista Alexander Gode, a Interlingua-IALA, de 1951, que é hoje praticada por grupos de estudiosos em quase todos os países do mundo (IALA é a sigla de *International Auxiliary Language Association*). Exemplo de uma sentença em Interlingua-IALA: "Nos necessita studiar plus Mathematica ora" (Nós precisamos estudar mais Matemática agora).

Na Matemática, os cinco axiomas de Peano, entre muitas outras contribuições suas, são os seguintes:

1) Zero é um número natural.

2) Se **n** é um número natural, então o sucessor de **n** também é número natural.

3) Zero não é sucessor de nenhum número natural.

4) Se dois números naturais **m** e **n** têm o mesmo sucessor, então **m** e **n** são o mesmo número.

5) Se um primeiro número pertence a um conjunto e, dado um número natural qualquer, o sucessor desse número também pertence ao conjunto, então todos os números naturais pertencem a esse conjunto.

Naquela época muitos matemáticos não consideravam o 0 como um número natural, de modo que o texto de Peano falava em 1 como o menor dos números naturais, não o 0.

Alternativamente à abordagem axiomática de Peano, Bertrand Russell desenvolveu uma apresentação dos números naturais através de definições, com base em correspondências biunívocas entre conjuntos, que é uma ideia que ele localizou num artigo de Gottlob Frege. O número 3, por exemplo, define-se como a propriedade comum entre todos os conjuntos que têm aquela quantidade de correspondências biunívocas, que chamamos de 3. Isto, na realidade, parece uma tautologia, uma definição que gira em torno de si mesma.

Peano não tinha desconfiança em relação à Teoria dos Conjuntos, como tinha Poincaré, tanto que ele foi quem criou os símbolos de "pertence a", "contém" e "contido em", incorporados na Matemática básica. Os "cinco axiomas de Peano", diferentemente da abordagem de Frege, formam uma apresentação mais clara e mais simples para a ideia de número.

Indução. Mais que isso, eles trazem a força do Princípio da Indução Finita, também chamado Postulado da Indução Matemática.

Um conjunto de números é definido por uma propriedade. Se ele é formado aleatoriamente, esta é sua natureza. Do contrário, algum outro critério existe. Assim, quando o quinto axioma fala em conjunto, ele leva em conta a propriedade que o define. Assim, dizer que todos os números naturais pertencem a este conjunto é garantir que a propriedade vale para todos os números naturais.

Não é imediata a compreensão do significado do axioma. Muitos autores imaginam que é necessário garantir que a propriedade vale desde um primeiro número até o tal dado número. É um acréscimo desnecessário ao enunciado de Peano. O que ocorre é que, se fixarmos o número 1 como aquele primeiro número (temos de começar provando que a propriedade vale para este valor), e tomarmos um número k para provar que a propriedade vale para o sucessor k+1, devemos ter em mente que se este k vale 236, provou-se a validade para 237. Se ele vale 900, provou-se para 901. Ora, com muito mais razão está garantido que de 1 vale para 2, de 2 vale para 3, e assim por diante. A demonstração, sem necessidade de embutir nenhuma desigualdade, garante que a propriedade vale para qualquer número natural, justamente como formulado por Peano.

Muitos tiveram dificuldade de absorver o conceito também por causa da indução mecânica, que se reconhece como um raciocínio inconsistente. Se uma pessoa vai para uma casa de praia e lá a chuva cai todo dia às 16h durante os primeiros 15 dias da estadia, não há nenhuma garantia de que no dia seguinte ela cairá. Se a sucessão de que estamos tratando refere-se ao passar dos dias, ou das horas, não se pode provaar nada por indução. No quinto axioma de Peano não há nenhuma referência ao passar do tempo. A sucessão é dos números naturais, simplesmente. Quando a propriedade vale de 1 para 2, no mesmíssimo instante ela vale de um milhão para um milhão e um. Não há passagem do tempo. Os que imaginavam essa passagem, devem desistir dessa crença.

Demonstrações. Não vou mostrar a demonstração aqui, mas apresento um exemplo de como se pode usar o axioma para fazer uma prova. Sabe-se que a série dos números ímpares, a partir do número 1, sempre resulta no quadrado do valor da posição. Se somarmos três números, o total é 9. Se somarmos quatro números, teremos 16. Vejamos: 1+3+5 resulta em 9, enquanto que 1+3+5+7+9 (cinco números) dá 25. O número 1, que só tem uma posição, vale o quadrado de 1. Se pegarmos **k** números, estamos supondo que a soma dará k^2. Nossa prova terminará quando provarmos que pegando a posição seguinte, de k+1 números, a soma dará o quadrado desse k+1. O trabalho é simples e eu mesmo já o fiz muitas vezes em sala de aula.

Por que alguém deve entregar-se a esse trabalho de ficar demonstrando propriedades? Porque este é o trabalho do matemático. Antes de Pascal inventar a máquina de calcular, os matemáticos ganhavam a vida fazendo contas, elaborando mapas astrais e fazendo demonstrações. Ora, com a calculadora, as quatro operações são aprendidas na escola, mas são realizadas nas diversas profissões com o uso de máquinas. O mapa astral, desde que a Academia Francesa de Ciências retirou a Astrologia do rol das ciências escrutináveis, isto é, das ciências propriamente ditas, os matemáticos ficaram longe dela. O trabalho que restou foi esse de fazer demonstrações.

Por que é importante demonstrar propriedades? Porque isto é a ciência. Para saber se um futuro prédio de 200 andares ficará ereto depois de construído, não o construímos primeiro para depois verificar a hipótese. Fazemos antes os cálculos e as demonstrações necessárias. Para enviar uma nave tripulada à Lua, não lançamos o veículo para cima para ver se ele chegará ao satélite natural, mas fazemos primeiro todos os cálculos e demonstrações necessários à viagem planejada.

Sem a prática das demonstrações nós fabricaríamos canoas, anzóis, carrinhos de feira, cadeiras, estantes, roupas, casebres e tudo o que está ao alcance de nossas mãos. Coisas que transcendem a isso, como transatlânticos, trens, rodovias pavimentadas, hidrelétricas, nós até poderíamos fazer, mas sempre tomando prejuízos colossais, por erro de planejamento. Os fracassos seriam tão grandes que só os loucos continuariam insistindo nesses empreendimentos.

Objetos pequenos, que nossos dedos não podem montar e desmontar sozinhos, como os pequenos relógios, os celulares, os rádios de pilha, as lâmpadas elétricas, nada disso seria construído sem demonstrações prévias.

Os sistemas de ensino precisam retomar a seriedade, para que os alunos ginasianos, os do terceiro triênio do ensino básico, voltem a aprender a fazer demonstrações em sala de aula. Sem isso toda a ciência perde muito, começando por desperdiçar o cérebro da juventude.

Se os adolescentes terminam o terceiro ano do ensino médio sem nunca ter demonstrado nenhuma propriedade, nenhum teorema, toda a Matemática que têm aprendido é lesada. É algo que tem um pequeno parentesco com Matemática, mas não é Matemática. O alicerce intelectual da Academia de Platão sustenta-se mais nas demonstrações que ele fez que em seus textos de Filosofia. A criatividade em fazer demonstrações é tão importante quando a criatividade em enunciar proposições novas. Muitos matemáticos ganharam renome apenas demonstrando a validade ou a falsidade de fatos que outros enunciaram.

O Enem, exame nacional do ensino médio, no Brasil, nunca exigiu uma demonstração, uma vez que a prova é de múltipla escolha. Isto significa que nunca houve Matemática de fato naquele certame. Para fins de classificação a coisa funciona, mas vem dando à juventude e ao sistema escolar uma ideia errada do significado da ciência.

Demonstração é bicho de sete cabeças? Nem um pouco. Exige tirocínio, certamente. Não se exige que um estudante de grego encete uma conversação naquela língua depois de dois meses de aulas na matéria. Pelo mesmo motivo, não se espera que um aluno de nove anos seja capaz de fazer demonstrações de fatos geométricos. Não é coisa impossível, mas é impertinente. Por mais que um menino de 10 anos estude aviação, não se espera que passageiros de uma companhia aceitem viajar em um grande jato pilotado por ele. A criança fará demonstrações a partir dos 13 anos, à base de exercícios, se o sistema de ensino voltar a ter seriedade. E aos 17 anos o jovem estará pronto para demonstrar fatos inéditos.

Euclides. Euclides de Alexandria, do século III a. C., professor do Museu de Alexandria, o equivalente no Egito helênico à Academia de Atenas, compilou toda a Geometria de seu tempo em seu compêndio "Elementos", de 13 livros. Quando ele morreu, em 265 a. C., o futuro bibliotecário Eratóstenes tinha 10 anos e morava ainda em outra cidade, Cirene. Dentro da Geometria dele estava embutida toda a Aritmética conhecida, como também toda a Álgebra, que ainda não era simbólica, mas discursiva.

Ele foi lembrado agora porque a assertiva chamada Teorema de Euclides é de fácil compreensão e pode ser usada aqui como um exemplo de demonstração. Os termos usados aqui não são os de Euclides nem são os utilizados nos livros didáticos. A ideia é o que importa. A proposição, também chamada de Teorema da Infinitude dos Primos, afirma que não existe um número primo que seja o maior de todos. A prova é feita por absurdo, isto é, por contradição. Neste modelo de demonstração, baseado na Lógica binária de Aristóteles, supomos que o que vale é o contrário da proposição, e então provamos que nossa suposição é um absurdo, concluindo que a afirmação válida é a original.

Euclides supôs, por absurdo, que existe um número primo "top", maior que todos os outros primos, que, portanto, são em quantidade finita. Há um produto de todos esses primos, um número K, que pode ser decomposto em todos aqueles fatores primos. Então ele construiu um sucessor desse número composto, K+1, que podemos chamar de **q**. Temos agora duas situações possíveis para este número. (A) Ele é primo, e isso desmonta tudo o que supusemos antes, já que ele é sucessor de todo aquele produto, maior, portanto, que o maior primo que tínhamos imaginado antes. (B) Ele é composto, o que significa que, como os primos existentes são inferiores a ele, um desses primos é divisor dele, isto é, está em sua decomposição em fatores primos. Ora, q, ou K+1, tem um fator que é algum primo **p**. Como **q** e K+1 são iguais, q = K+1, imediatamente vemos que q-K = 1. O primo **p** é fator de **q** e também de K, o que significa que ele é divisor da diferença q-K (se o leitor está acostumado com fatoração algébrica, **p** é tirado em evidência). Ótimo! Ótimo? Nada disso! q-K vale 1 e o número 1 não tem nenhum divisor primo. Contradição!

O que Euclides demonstrou é que se houvesse um maior número primo fixado, o produto K dele e de todos os primos anteriores teria um sucessor **q** que não seria nem primo nem composto, i. e., **q** não pode existir. Portanto, o maior número primo tampouco existe.

8. Fortes motivos

Tento apresentar a ti agora, leitor, fortes motivos práticos, históricos, filosóficos, estéticos e outros para fazer o aluno gostar de Matemática.

Tales de Mileto, século VII a. C., foi o grande inventor da ciência laboratorial, quando fez as primeiras demonstrações em Geometria. Os grandes pesquisadores da Grécia, desde aquele tempo, passaram a devotar certo desprezo pela Aritmética, entendida como atividade de comerciantes, não de filósofos (antes de Galileu, século XVI, quem fazia ciência era um filósofo, e daí até o século XIX, um cientista era também um filósofo, ao mesmo tempo; no surgimento da Matemática Pura, com George Boole, em 1848, iniciou-se a separação entre filósofos e cientistas, mas é uma separação que jamais deveria ter ocorrido; é o que penso).

Preconceitos. Atualmente, ainda há alguns grandes matemáticos que torcem o nariz para pesquisadores de Aritmética, Geometria e Lógica, matérias que compõem a área de fundamentos. Mas são pessoas que cultivam preconceitos e não são bons exemplos para a cidadania.

O primeiro livro do grande Condorcet (1743-1794) que peguei para ler, na biblioteca da faculdade, causou-me estranheza no primeiro momento. Era um livro de poucas páginas, em publicação de mais de um século, tratando de aprendizado de operações elementares de números inteiros. Ensinava pacientemente técnicas para o jovem aprender a fazer suas primeiras contas. Pensei de imediato no fato de que grandes doutores que eu conhecia não se dariam ao trabalho de escrever um manual para estudantes em estágio rudimentar. Logo o susto passou, quando raciocinei: eu estava diante de Condorcet, o deputado matemático responsável pela autoria da lei que implantou a escola pública francesa. Há uma tendência natural, que contaminará o pesquisador matemático, se ele não tiver cuidado, de valorizar umas áreas e considerar outras como coisa menor. Se Gauss tivesse esse tipo de reserva, não teria sido o maior matemático de seu tempo.

Ter preconceito contra a Aritmética básica não só contribui para dificultar a cura das vítimas de aritmofobia como também mostra um comportamento nefelibata (de quem vive nas nuvens), uma vez que a Aritmética é o alicerce mais antigo e mais profundo de toda a Matemática, anteriores até mesmo à Geometria e à Lógica. A atitude de desprezo equivale à daquele cidadão que alardeia que a escola não o ajudou em nada em sua trajetória de aprendizado.

Até o início do século XXI, os alunos brasileiros estudavam Inglês como matéria do sexto ano do fundamental ao último ano do curso médio, perfazendo um total de sete anos em convivência com a disciplina. Hoje começam mais cedo, em grande parte dos municípios. Pois vi certa vez na TV a entrevista de um brasileiro que emigrou para os Estados Unidos na qual ele dizia que saiu do Brasil com o ensino médio completo, mas sem saber uma única palavra da língua inglesa, e que em dois meses no novo país já estava falando fluentemente. O que esse mentiroso e preconceituoso não sabe é que um adulto não aprende uma língua nova em apenas dois meses, se não tiver uma base. Quando ele confessou, jactando-se, que aprendeu em dois meses, desmentiu a afirmação anterior, de que não tinha aprendido uma palavra da língua. Certamente ele não chegou àquele país mostrando fluência no idioma, mas tinha a bagagem necessária para em algumas semanas dar o passo da independência de fala.

Esse preconceito bobo contra a base anterior da aprendizagem ocorre também em relação à Matemática. Como são várias aulas semanais, ao longo dos anos, o aluno vai acumulando conhecimento, mesmo quando não tem clareza do que está fazendo. Num dado momento, No 6º ano, no 7º, ou em alguma série posterior, os conceitos começam a fazer sentido.

Um colega meu que já havia terminado graduação em Matemática numa faculdade comum, ingressou para fazer graduação novamente na USP. Ele me disse que só quando iniciou o segundo ano de USP é que ele começou a percebeu o que é Matemática. Isto significa que até então ele acumulava conceitos, obtinha notas em provas, mas sem consciência do que estava fazendo.

Uma professora minha, nesse curso da USP, disse em aula um dia que só aos 17 anos é que ele tomou consciência da própria existência, quer dizer, do processo de individuação, na conceituação de Jung. Ela poderia estar fazendo referência à consciência do aprendizado em Matemática, já que esta seria a carreira futura dela.

Se o aluno cursa uma escola séria, comprometida com o desenvolvimento de conteúdos e com a avaliação, entre os 12 e os 13 anos ele já terá claro o significado da ciência matemática. Mas, como vimos no caso daquele meu colega, ele pode terminar graduação na área sem noção do que aquilo representa.

Occam. É tão difícil assim? Tudo aí é relativo. Se o aluno é estudioso e atencioso e se sua escola é eficiente, a facilidade vem em consequência. Se alguém acha que pode queimar etapas, ou que pode aprender sem esforço, a

Matemática jamais será fácil.

O que a Matemática será sempre é uma coisa simples. Fácil, nem sempre.

De acordo com o Princípio da Parcimônia, a famosa Navalha de Occam, a Matemática construiu-se sempre preferindo o caminho mais simples. Entre dois métodos igualmente ricos em ideias e igualmente eficientes para resolver a mesma questão, se um é mais complicado que o outro, o complicado cai no abandono.

Além disso, toda a ciência busca sempre a simplicidade. A Navalha de Occam é o princípio que recomenda que entre duas explicações para um fato, em condições equivalentes, a que tem mais chance de ser verdadeira é a mais simples. Independentemente disso, quando se avança em pesquisa busca-se descobrir fatos novos, mas também simplificar as explicações e os entendimentos que já existem.

O aluno não deve ter medo de avançar nos conteúdos em sala de aula, pois, embora os conhecimentos se acumulem, tudo tende a ser mais claro e mais simples à medida que os tópicos mais básicos vão ficando para trás.

Por exemplo, os professores de Matemática sabem que o aprendizado de adição de frações, aquele rito de passagem sem o qual todo o aprendizado ginasial e médio será pura enganação na cabeça do aluno, ocorre com mais facilidade no fim do curso primário ou, *maxime*, no início do terceiro triênio, o sétimo ano. Obviamente, até os 16 ou 17 anos o aluno ainda tem muita abertura para o aprendizado do assunto, embora com um ganho menor, uma vez que desperdiçou uma fase preciosa, do ginasial e do início do curso médio, para se exercitar sobre o tema.

Mas infeliz do aluno que entra em um curso exigente de Engenharia, de Física, Meteorologia ou Economia sem ter aprendido frações antes. Não é impossível aprender, mas o sofrimento será grande, se ele de fato tentar.

Outro colega meu lecionava Cálculo Diferencial e Integral numa faculdade mediana, transformada depois em universidade, da cidade de São Paulo. Uma aluna muito estudiosa tinha feito a matéria com ele cinco vezes. Vencia todas as outras disciplinas e estava indo em frente, mas não em Cálculo, pois não passava em Cálculo I. Como meu colega era rígido na avaliação, não havia falcatrua nem caridade. Era aprender e passar, ou errar as questões na prova e continuar sem promoção. Nesta quinta vez em que a aluna fez a matéria com ele, ele decidiu investigar a fundo qual era o problema dela, que aprendia bem os conceitos, passava em outras disciplinas, mas com ele não avançava. E ela já lecionava Matemática em escolas básicas. Ele descobriu, e depois conferiu frente a frente, que ela não tinha dificuldade em quase nada. O problema estava nas frações. Ele simplesmente não imaginava que uma aluna universitária pudesse estar travada em seu curso por não ter domínio das operações com frações, do quinto ano primário - se a escola oferecer o assunto pela primeira vez apenas no sexto ou no sétimo, ela está atrasada.

Ela, como já atuava como professora de Matemática, ensinava a matéria sem saber o assunto mais crucial da Aritmética do nível fundamental. Certamente ela pulava as páginas do livro. E provavelmente imaginava que o tópico não era coisa tão importante. Do mesmo modo, muitos outros professores com lacunas no próprio aprendizado estão atuando nas redes de ensino. Aquela lá enfrentou o crivo de meu colega. Quantos não foram aprovados sem conhecimentos mundo afora? Os alunos estão em constante risco de mau ensino se a avaliação fica apenas na mão do professor de ocasião. Uma barreira no aprendizado por causa de uma lacuna de conhecimento pode ser o estopim de uma crise, na maioria das vezes silenciosa, de começo de aritmofobia.

Pascal. Volto a Blaise Pascal (1623-1662) porque há um episódio de juventude que dizem ter definido o futuro dele como pesquisador. Aos 17 anos, um dia estava com uma dor de dentes muito aguda, e não sabia mais o que fazer. Extração de dentes naquele tempo era sem anestesia e era coisa que se fazia em último caso.

No desespero, o jovem Pascal pegou uma tarefa para fazer. Eram uns exercícios de Matemática. Mesmo sentindo dor, ele, como menino bem disciplinado, não fugia às responsabilidades. Seu professor, nas várias matérias de conhecimento, era seu próprio pai, em casa. A mãe havia morrido em 1626, quando ele tinha apenas três anos. (Aqui há um ponto comum entre Pascal, inventor da calculadora, e Ada Byron, Condessa de Lovelace, que, dois séculos depois inventou a programação de computadores: ambos viveram a carência de um dos genitores, pois Lord Byron, por levar vida boêmia e dissoluta, foi proibida pela sogra de ver a esposa e a filha, assim que esta nasceu, de modo que Ada não conheceu pessoalmente o pai, tendo apenas o consolo de, ao morrer de câncer aos 36 anos, ter seus ossos repousando ao lado dos ossos paternos, já que exigiu ser sepultada ao lado da cova de Byron.)

Seguiu fazendo os exercícios e em alguns minutos notou que a dor de dentes desapareceu. Então continuou nos exercícios e foi além, fazendo muito mais do que aquilo de que necessitava. Se parasse, a dor poderia voltar. Não voltou, pelo menos naquele dia.

A conclusão de Pascal foi de que a Matemática tem um poder

medicinal, psicossomático (certamente esta palavra ainda não existia). E decidiu que seria um matemático ao longo da vida.

Retomando experimentos de Evangelista Torricelli, o mais famoso aluno de Galileu, em 1646 Pascal demonstrou a existência do vácuo. Em 1648 enunciou o que depois ficou conhecido como Princípio de Pascal: "Toda pressão exercida sobre um fluido (qualquer líquido ou gás) espalha-se por toda a substância de modo uniforme".No mesmo período, estabeleceu a lei dos vasos comunicantes.

Durante uma viagem realizada em 1652 com alguns nobres, entre os quais o Cavaleiro de Méré (Antoine Gombaud), influenciou-se por este e passou a dedicar-se também a assuntos filosóficos. Mas não diminuiu sua opção pelo desenvolvimento da Matemática, que, nesse tempo, incluía a Física. Em 1653 escreveu um tratado completo de Hidrostática. Nesse mesmo ano, instigado por discussões com o Cavaleiro de Méré, dedicou-se ao estudo das Probabilidades e desenvolveu os primeiros trabalhos em Teoria dos Jogos, compartilhando ideias com Pierre de Fermat.

Em 1654 publicou o *Tratado do Triângulo Aritmético*, apresentando o que veio a ser chamado de Triângulo de Pascal, em que cada linha é formada por todas as combinações (binomiais) da posição da linha menos a unidade. Assim, na primeira linha tem-se apenas uma combinação, com n=0, pois a linha tem posição 1 e desconta-se a unidade. Na segunda linha, com n=1, temos as combinações com 0 e com 1. Depois, com n=2, temos as combinações com 0, com 1 e com 2, e assim por diante. Com as contas feitas, as sucessivas linhas são 1, 1 1, 121, 1 3 3 1, seguindo até o número de linha que se quiser. Para construir novas linhas sem precisar calcular as combinações, basta repetir o número 1, que é o começo de cada linha, e somar os valores da linha anterior dois a dois. Assim, para construir a quinta linha a partir da quarta, 1 3 3 1, basta escrever 1 e somar 1+3, depois 3+3, depois 3+1, depois 1+0 (o 0 não está escrito, mas imagina-se). A linha será 1 4 6 4 1. Que tal, leitor, construíres a sexta linha? (Combinação de **n** com **p** elementos é a quantidade de conjuntos com **p** elementos tomados do conjunto total; por exemplo, no conjunto {a, b, c}, de cardinalidade n=3, se p=2, nós temos 3 combinações, que são {a, b}, {a, c} e {b, c}.)

No trabalho sobre o "triângulo aritmético" Pascal chegou a apresentar o Princípio da Indução Matemática, embutido em seu triângulo, como método de demonstração, mas o mundo matemático continuou sem plena consciência do poder daquele instrumento, até ele ser explicitado nos cinco axiomas de Peano.

Depois de dedicar-se a escritos filosóficos e teológicos, como o livro

Pensamentos, retomou a pesquisa matemática, lançando em 1659 o *Tratado dos Senos dos Quadrantes de Círculo*. Leibniz reconheceu mais tarde que sua inspiração para a criação do Cálculo Diferencial estava nesse texto de Pascal.

Além da calculadora, Pascal foi o idealizador do transporte coletivo, formulando um tipo de carruagem grande, em que os parisienses pagavam 50 centavos para circular pela cidade. Pelo que está retratado no filme Pascal, de Rosselini, ele estava doente, no leito de morte, quando vieram contar a ele que a novidade tinha sido implementada.

Maravilhas. Nunca vi alguém que achasse ser uma obra menor o livro infanto-juvenil *Alice no País das Maravilhas*, de Lewis Carroll. Diferentemente de muitas outras obras do gênero, que são compilações ou recontagens de histórias populares tradicionais, o livro mais conhecido de Lewis Carroll é fruto de sua imaginação. Como se diz nos círculos acadêmicos atuais, é obra autoral.

Assim como Pascal, grande matemático do século XVII, deu uma grande contribuição ao serviço público, que foi o veículo de transporte coletivo, Charles Lutwidge Dodgson (1833-1898), matemático inglês, deixou como um importante legado à literatura de entretenimento seu livro Alice, de 1865, pois Lewis Carroll é simplesmente o pseudônimo literário daquele matemático. Tentando latinizar seu nome, chegou a Ludovicus Carolus. Como isso não resultou em algo muito sonoro, encontrou uma versão inglesa para este nome: Lewis Carroll. Depois de haver publicado poemas e contos com seu nome original, publicou o poema *Solitude* sob o novo pseudônimo, em 1856, e viu que era uma boa ideia manter a prática, talvez para dissociar esse trabalho de sua atividade como professor de Matemática da Universidade de Oxford, e também de seu trabalho religioso, pois era diácono anglicano.

Com o sucesso obtido com Alice, ele publicou pouco depois *Através do Espelho e o que Alice Encontrou Lá*, como uma continuação. Em 1876 publicou O Jogo da Lógica, e em 1879 lançou *Euclides e Seus Rivais Modernos*, uma discussão sobre a didática da Geometria, em forma de peça teatral. Sua última obra literária foi *Sílvia e Bruno*, em duas partes, publicadas em 1889 e 1893. Divertia-se inventando jogos e discutindo paradoxos. Muitos dizem que ele é o inventor do paradoxo do barbeiro, utilizado por Bertrand Russell para questionar a então pretendida abrangência da Teoria dos Conjuntos: Num dado reino os barbeiros receberam a ordem de barbear todas as pessoas, as quais não deveriam barbear-se a si mesmas; em dada comarca havia apenas um barbeiro, que foi queixar-se de não poder ser barbeado, já que era o único barbeiro ali e ninguém podia barbear-se a si mesmo. Sendo assim, nem todos poderiam ser barbeados, ao contrário do que pretendia a ordem do monarca.

De Charles Dodgson é também a criação da tabela de dupla entrada (diagrama de Carroll). Alguns malucos juram que isso estava numa tabuada inventada por Pitágoras, que cruza algarismo da linha com algarismo da coluna e mostra o resultado do produto. Antes da Internet já eram muito comuns essas falsas autorias.

Como contribuição notável ao estudo dos números, ele publicou em 1867 o estudo *Uma Teoria Elementar dos Determinantes*, em que apresentou as condições para que um sistema de equações lineares tenham soluções não triviais, isto é, soluções com valores diferentes de zero. Uma equação linear, se tu não lembras, é uma equação do primeiro grau de uma (x) ou mais (x, y, z,...) variáveis, que não podem estar elevadas a outros expoentes que não o número 1. Ele também inventou métodos de criptografia e apresentou contribuições aos cálculos eleitorais.

Lewis Carroll era também fotógrafo e sua preferência neste ofício era retratar meninas, quase sempre filhas de seus amigos e vizinhos. Entre elas estava Alice Liddell, o que levou à suspeita de que seu livro Alice tinha base em história real acontecida com ela, fato que ele desmentiu. Ele apenas inspirou-se no nome dela, que ninguém pode negar que é um belo nome. Essa preferência por retratar meninas fez com que ele enfrentasse insinuações de ter um viés pedófilo.

As pessoas que criam novidades importantes e que resolvem problemas devem estar sempre prevenidas contra maledicências, pois os cabotinos e mitômanos estão sempre à espreita buscando fazer carreira sobre a obra alheia ou, o que é mais grave, sobre a reputação alheia. Sócrates e Giordano Bruno não são vítimas isoladas ou casuais. Assim foi que Lewis Carroll teve de passar por acusações de ser a identidade de Jack o Estripador, o famigerado *serial killer* anônimo da Londres de 1888. A pessoa que fez as acusações alegou que frases metafóricas de obras publicadas anteriormente pelo autor de Alice representavam pistas e senhas para os crimes que ele cometeria na figura soturna e misteriosa de Jack. Até hoje ninguém sabe com certeza quem foi Jack, mas apresentar acusações contra Lewis Carroll com base em pretensas chaves deixadas em seus livros é manifestação clara de algum transtorno delirante (de acordo com o livro *Naming Jack The Ripper* – Dando Nome a Jack o Estripador -, de Russell Edwards, estudos recentes, feitos 120 anos depois daquelas mortes de mulheres perpetradas por Jack, através de exames de DNA no xale de uma das vítimas, e na amostra de sêmen encontrado lá, apontaram como dono da identidade de Jack um imigrante russo de nome Aaron Kosminski, cabeleireiro desempregado, que à época tinha 25 anos).

Proporção. Platão escreveu que o primeiro passo para fazer ciência é a classificação. O preceito é inegável, mas tudo pararia nesse ponto se não conhecêssemos outros passos. Quando um agricultor separa seus produtos em lotes para vender na feira, está apenas classificando. O que vem em seguida na atividade dele não tem muita relação com fazer ciência. A ciência teve início com Tales de Mileto porque, após classificar fatos, ele usou recursos de proporção. À época não se tinha consciência de que ele estava criando método novo de se construir conhecimento, mais à frente chamado de método científico, por isso ele tem o título de Pai da Filosofia, não de Pai da Ciência.

A Teoria das Proporções, aprofundada, foi desenvolvida por Eudoxo de Cnido, três séculos depois (ele viveu entre 390 a. C. e 337 a. C.), mas o que Tales conhecia foi suficiente para seu propósito em seu tempo.

A proposição conhecida como Teorema de Tales assegura que, se traçamos uma reta transversal a um feixe de retas paralelas, em qualquer outra reta transversal a esse feixe os segmentos resultantes serão proporcionais aos segmentos correspondentes da primeira transversal.

O caso mais simples é o de três retas paralelas, preferencialmente com distâncias diferentes entre uma e outra. Uma primeira transversal intercepta as três paralelas produzindo entre elas segmentos de tamanhos **a** e **b**, de cima para baixo no papel. Em seguida traçamos, em outra posição e com ângulo diferente, uma segunda transversal às mesmas paralelas. Como o ângulo é distinto, os tamanhos dos segmentos produzidos são diferentes, e vamos chamá-los de **c** e **d**, também de cima para baixo. O que o Teorema de Tales garante é que as duas razões a/b e c/d são iguais, isto é, vale a proporção a/b = c/d.

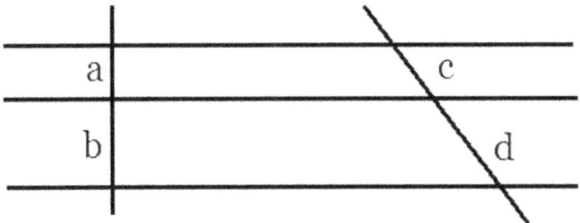

Tales: feixe de paralelas e duas transversais

Para encontrar um dos valores da proporção, quando incógnito, uma quarta proporcional (a letra **d**), uma terceira proporcional (a letra **c**), ou qualquer um dos quatro valores tendo os outros três, costumamos aplicar a técnica que veio dos árabes da Idade Média, chamada de "regra de três".

Como achar a quarta proporcional **x** na expressão 3/4=9/x? Basta multiplicar os extremos (3 e **x**) e igualar ao produto dos meios (4 e 9). É a *propriedade fundamental das proporções*: o produto dos meios é igual ao produto dos extremos. Na prática, escolhemos primeiro sempre o braço que tem a incógnita x. Neste exemplo, 3*x=4*9. Para resolver, fazemos 3x=36. Depois é só dividir ambos os membros por 3, o que significa que no primeiro membro ficará apenas 1x, ou, simplesmente, x, ficando o valor 3 como divisor do segundo membro: x = 36/3, ou x=12.

Agora um problema prático. Gabriel comprou 4 quilos de lentilhas por $ 20. À mesma razão de preço, quantos quilos ele teria comprado com $ 75? Comparando as razões quilos por quilos e preço por preço, teremos a montagem: 4/x=20/75. Trata-se de achar a segunda proporcional. Começando pelo produto dos meios, temos 20x=4*75 (quando multiplicamos um número, um coeficiente, por uma letra, dispensamos o símbolo de "vezes", seguindo sugestão de René Descartes). Ficamos com 20x=300, o que dá x=300/20, ou x = 15. Gabriel teria comprado 15 quilos do produto.

O que vimos acima são exemplos de regra de três simples direta. Neste último caso, se aumentamos o volume de dinheiro, aumentamos a quantidade de quilos de lentilha. Mas vejamos a seguinte situação. Temos uma gleba para lavoura e sabemos que se contratarmos 4 empregados, eles gastarão 5 dias para semear. Se contratarmos número maior de empregados, eles gastarão maior número de dias, ou menor número? Está claro que gastarão menos dias. Aumentar um valor no primeiro membro, implica diminuir o valor correspondente no segundo membro. Temos aí um caso de regra de três simples inversa. Como resolvemos? Simplesmente montamos o problema como nos casos anteriores e, como sabemos que uma das razões tem crescimento inverso, invertemos a segunda razão. Com os números acima, de 4 empregados para 5 dias, se contratarmos 10 empregados, quantos dias de trabalho serão necessários? Fazemos: 4/10 = 5/x. Como a regra de três é inversa, remodelamos para 4/10 = x/5. Teremos 10*x = 4*5, ou 10x=20. Isto dá x=20/10, ou x = 2 dias. É muito importante que as razões sejam montadas juntando valores da mesma natureza: 4 empregados para 10 empregados, de um lado, 5 dias para x dias, do outro.

Numa regra de três simples estaremos sempre comparando duas razões, isto é, dois pares de elementos dados em forma de razão. Numa regra de três composta, temos três ou mais pares de elementos, três ou mais razões, que deveremos transformar em duas para então resolver. Deixo a ti, leitor, a incumbência de pesquisar sobre o tema em livros didáticos ou na Internet, se precisares aprofundar-te nele, para algum concurso ou outro tipo de exame.

Devemos muito à ideia de proporção, pois com ela a ciência teve início. Sem ela, estaríamos sentados ainda em toros de madeira, porque uma mera cadeira que o marceneiro construísse sem o uso da ciência e da proporção cairia sob o corpo do primeiro adulto que sobre ela se sentasse.

Em nossa vida urbana, ao longo de um dia de trabalho entramos em contato com dezenas de instrumentos e máquinas diferentes, todas elas propiciadas pelo desenvolvimento científico. Se contarmos as máquinas virtuais, o número multiplica-se por outras dezenas.

Negócios. É difícil dedicar-se à ciência e concomitantemente reservar tempo para ganhar dinheiro. Não se imagina Charles Darwin ou Albert Einstein fazendo negócios e enriquecendo. Mas há casos em que o cientista já está dentro do mundo dos negócios. No tempo de Tales não se ganhava mesmo a vida dedicando-se à ciência, e ele para viver tinha a profissão de comerciante. É um ofício em que a pessoa aprende, por experiência, que não se deve ter como objetivo ganhar pouco. Se o comerciante aceita isso, qualquer pequena crise no mercado deixa-o no negativo. Assim, para precaver-se, ele deve sempre visar boas margens de ganho em suas transações.

Tales, segundo registrou Aristóteles, usou os conhecimentos que tinha para ganhar um bom dinheiro numa certa fase da vida. Ele não se casou nem constituiu família, mas um comerciante solteirão também precisa estar de sobreaviso, preparando-se contra as quedas financeiras. Ele previu, usando seus cálculos, que o clima provocaria uma grande quebra na safra de arroz na Grécia. Como só ele sabia disso, começou a comprar e estocar tudo o que ele pôde de sacas do produto. Quando veio a escassez, o homem que podia abastecer os mercados era o comerciante Tales de Mileto, que cobrou o preço que achou razoável para um homem que naquele momento detinha o monopólio do fornecimento de um bem de primeira necessidade. Se ainda não estava rico, enriqueceu-se ali.

Na faixa dos 30 anos de idade a mãe começou a insistir para ele arrumar uma noiva e casar-se. Ele alegava que ainda era cedo. Anos depois, a mãe voltou a insistir. Ele muito ocupado com os negócios e com as

investigações filosóficas e científicas sempre convencia a mãe de que os netos dela podiam esperar. Quando ela viu que talvez estivesse passando o tempo hábil para ela ter seus netinhos, voltou à carga.
- Tales, meu filho, acho que agora é hora de arrumares uma esposa.
- Ah, mãe!
- Ah, mãe, o quê?
- Ah, mãe, agora já é muito tarde para isso.

Quando estava com 62 anos, saiu de casa certa noite, em plena madrugada, e seguiu caminhando em observação atenta das estrelas, pois pretendia estudar um fenômeno celeste que ocorreria naquela data. A serviçal da casa estranhou aquela caminhada noturna do patrão e foi atrás, observando-o ao longe. Em certo ponto do caminho, sempre olhando para o alto, ele caiu num poço seco, muito profundo. Assim foi a morte desse homem extraordinário.

Áurea. Toda forma de proporção encerra em si uma grande beleza, sem dúvida. Mas há um tipo de proporção que desde os tempos da Grécia clássica vem extasiando arquitetos, matemáticos, engenheiros, técnicos, músicos e artistas em geral. Trata-se da *proporção áurea*.

O frade franciscano Luca Pacioli (1447-1517), grande matemático florentino, escreveu o primeiro livro dedicado inteiramente àquela proporção, e pretendia batizá-lo de "A Divina Proporção". Convidou Leonardo Da Vinci para ilustrar o trabalho e este disse que preferia que a obra tivesse um título laico.

Incumbido então pelo matemático de encontrar esse título, Da Vinci sugeriu o adjetivo "áurea", no lugar daquele "divina".

Afinal, a que se refere essa proporção, merecendo nomes tão sublimes? Para apresentá-la, em geral usamos segmentos, cujos tamanhos serão os termos das razões envolvidas. Tomamos um segmento qualquer e nele marcamos um ponto que chamaremos "secção áurea", como Da Vinci a denominou. Marcamos um ponto em qualquer lugar? Não! Senão ele não seria o ponto áureo. Dentro das infinitas posições do segmento, o ponto áureo, que realiza a secção áurea, é aquele que divide o segmento dado em dois segmentos de tamanhos distintos de tal modo que o menor está para o maior dos dois assim como o maior está para o segmento original.

E qual é a graça dessa secção? Antes de quaisquer outras descobertas, os gregos antigos já sabiam que ela produz a divisão mais harmoniosa, a mais agradável aos olhos.

Se pegamos um pedaço de madeira, de uns 40 centímetros de

comprimento, e quebramos a peça na posição do ponto áureo, dobrando-a em 90°, isto é, em ângulo reto, então esse lado maior e esse lado menor podem representar o comprimento e a largura de um laptop, por exemplo. Podem ser também o comprimento e a largura de um caderno.

Nas construções arquitetônicas, não importa se o segmento maior é a largura, como no Partenon, ou a altura, como na sede da ONU em Nova Iorque, a razão entre as duas dimensões deve aproximar-se do número áureo. Número? Sim, porque uma razão corresponde sempre a determinado número, que conheceremos quando descobrimos a "fração" equivalente a ela com denominador unitário.

É importante dizer que "fração" aqui não está muito em acordo com nossa velha fração do conjunto dos números racionais: divisão indicada entre dois números inteiros, com o segundo deles, o divisor, diferente de zero. O número está na forma de fração quando escrevemos o dividendo na parte superior, como numerador, um traço e, na parte inferior, o divisor, chamado denominador. Se não pudermos achar uma fração equivalente com numerador e denominador simultaneamente inteiros, então temos um número que não é racional. Pode ser um número irracional, dentro do conjunto dos números reais, ou pode ser um número complexo, com unidade imaginária *i* (*i* é o único valor que elevado ao quadrado resulta em -1, $i^2 = -1$). Está na forma de fração, mas não é uma fração propriamente dita. O caso da razão áurea está nessa categoria, de número que podemos escrever em forma de fração, mas que não é número racional.

E como descobrir a forma fracionária com denominador unitário? Basta dividir o primeiro termo da razão (o antecedente) pelo segundo termo (o consequente). Numa fração comum, como 3/5, ao dividirmos 3 por 5 obtemos 0,6. Se quisermos escrever este numeral decimal em forma fracionária, basta colocá-lo sobre 1, fazendo 0,6/1. Todo número está automaticamente sobre 1, mas só precisamos explicitar isso quando há necessidade de ênfase ou de visualização.

Vejamos como se descobre o valor do número áureo. Toma-se um segmento qualquer, mas, para facilitar as contas, considera-se tamanho 1 (pode ser 1 metro, 1 polegada, ou qualquer outra unidade de medida). Um pouco além da metade dele marcamos um ponto que deverá realizar a secção áurea. Temos então um segmento grande e um pequeno nessa divisão que fizemos. O segmento todo vale 1, mas não sabemos ainda a medida dos dois pedaços. Então chamamos de **x** o pedaço maior. Como devemos chamar o outro? É simples. Como o segmento original mede 1 e dissemos que a parte maior vale **x**, a parte menor é o total, 1, descontado desse **x**, o que se escreve como 1-x.

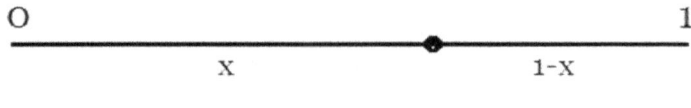

O ponto da secção de ouro

A proporção áurea é aquela em que o segmento é seccionado de modo que o pedaço menor (1-x) sobre o pedaço maior (x) é igual a este pedaço maior (x) sobre o segmento inteiro (1). Nossa proporção será escrita como (1-x)/x = x/1.

Quando multiplicarmos os meios, **x** por **x**, teremos x^2. E o produto dos extremos será 1*(1-x). Isso resulta na equação $x^2 = 1-x$, que, após ter todos os termos transferidos para o primeiro membro, já que se trata de expressão do segundo grau, dará $x^2 + x - 1 = 0$.

A solução dessa equação tem uma raiz negativa e outra positiva. Como x é um segmento, a raiz negativa não será usada. A positiva é -1 mais raiz quadrada de 5, tudo isto sobre denominador 2. A aproximação racional do número dá 0,618 (se te lembras, leitor, do método de resolução, fica o convite para pegar o lápis e resolver a equação, caso contrário, basta acreditar no número que estou apresentando e seguir em frente).

O que nós temos aí é que o segmento maior da secção vale aproximadamente 61,8% do segmento inteiro. E entre os dois segmentos da secção, a razão entre o menorzinho e o maiorzinho, pela própria construção da proporção, é também 61,8%.

Muitos consideram como número áureo não a seção maior, mas o valor dessa secção somado ao segmento todo, no caso de ser ele de tamanho unitário, 1+x em vez de **x**. Isso resulta no número 1,618, aproximadamente, e este é chamado de número fi, que é a letra grega que corresponde a nosso efe, ou ao "ph" do latim.

Dentro da própria Matemática a razão áurea surge em tópicos tão variados como a razão do crescimento dos números na sequência de Fibonacci (1, 1, 2, 3, 5, 8, ..., em que a soma dos dois últimos números dá sempre o seguinte) e o braço da estrela de cinco pontas, o pentágono regular estrelado. Se nós medirmos de uma ponta a outra um braço da estrela, o ponto em que outro braço intercepta este que está sendo medido é o ponto áureo.

Fora da Matemática, a razão áurea não aparece apenas na arquitetura e na indústria, mas também em várias situações da natureza. A espiral da concha do caramujo náutilus cresce em gomos que obedecem a essa proporção. Também as espirais do girassol, vistas de frente, seguem essa mesma razão.

O corpo humano também mostra a razão áurea em muitas de suas proporções, como Da Vinci implicitamente deixou registrado em seu desenho do "homem vitruviano". Dos pés à cabeça, o umbigo ocupa o ponto de ouro. No rosto, os olhos estão na altura do segmento maior da secção áurea. Num hospital maternidade inglês, em fins do século XX, foi feita uma experiência para saber se os bebês já trazem a percepção da relação harmoniosa do número áureo. Foram recortadas máscaras de cartolina algumas com o buraco dos olhos na altura indicada pela proporção, outras com os olhos em outra posição. Quando as mães punham as máscaras áureas e aproximavam-se dos bebês, eles sorriam. Quando iam com a máscara de olhos deslocados, eles choravam.

A razão 5 para 8 é aquela que entre números inteiros de um dígito está mais próxima da razão áurea. De trás para frente, 8 dividido por 5 é o que está mais próximo do número fi. Pois em várias sonatas de Mozart a razão entre as notas do desenvolvimento do tema e as da introdução estão próximas da razão áurea. E no piano, que em cada oitava traz uma sequência de 13 teclas, temos um conjunto de 8 teclas brancas para 5 pretas.

Uma vez pedi a alunos meus, na Granja Vianna, que calculassem em que dia do ano cai o ponto áureo, isto é, que data do ano é o dia de ouro. Rapidamente eles encontraram: 13 de agosto. Se o ano é bissexto, o dia continua o mesmo, deslocando-se apenas o instante, de 13h para 13h40. O que há de especial neste dia em relação ao ano em curso? Pela proporção áurea, toda a parte que falta para o ano acabar está para a parte que já passou assim como a parte que já passou está para o ano todo.

Na solução **x** da equação acima, que deu metade da soma de -1 com raiz quadrada de 5, somando isto com 1, então nosso fi, que é 1+x, será +1 mais raiz quadrada de 5, tudo sobre 2. É praticamente o mesmo resultado, em termo de formato, apenas trocando -1 por +1.

Atmosfera. Não foi necessário subir dentro de uma nave espacial, ou enviar um poderoso balão meteorológico, para obter-se a medida da altura da atmosfera. O matemático árabe Abu Ali al-Hassan Ibn al-Haitham, conhecido no Ocidente como Alhazen, que nasceu no atual Iraque e viveu entre 965 e 1040, fez esse cálculo, em torno do ano 1021, usando uma simples regra de três.

É quase certo que a inspiração dele tenha vindo do método que

Eratóstenes usou na Antiguidade para calcular a circunferência, e, portanto, o raio, da Terra. Eratóstenes comparou o desvio da sombra da beira de um poço seco numa cidade com o desvio, à mesma hora do dia, em outro poço seco, noutra cidade distante algumas dezenas de quilômetros. Usando regra de três ele pôde obter, pela diferença dos desvios das sombras, e conhecendo o tamanho do arco, isto é, da distância entre as duas cidades, a medida total do raio do planeta, que em medidas atuais vale 6.371 quilômetros. O valor que ele encontrou não era exatamente este, mas era muito próximo.

Para chegar ao valor, Eratóstenes precisou usar o poder da imaginação. Alhazen, muitos séculos depois, não agiu de modo muito diferente. Usou a imaginação e a inspiração fornecida pela observação científica para criar o método que lhe permitiu fazer a medida.

Ele fez a si mesmo uma pergunta que toda criança também faz a si própria: por que imediatamente após o pôr do Sol o mundo ao redor não escurece? Todos sabemos que por quase meia hora a região em que estamos continua clara, após o Sol se esconder. É a duração do crepúsculo. Alhazen sagazmente percebeu que a razão disso é que o Sol sai de nosso campo de visão, mas seus raios continuam a refletir-se nas partículas da atmosfera acima de nós. Conhecendo o valor da circunferência terrestre, e a velocidade com que os pontos dessa circunferência se afastam da luz solar, ele montou uma regra de três, em que a incógnita proporcional era a altura máxima dessas partículas, isto é, a altura da atmosfera. Visualizemos a situação. Se, por exemplo, do ponto em que eu vejo o Sol terminar de se esconder no horizonte até o lugar em que um amigo vê o início da escuridão há uma distância de 250 km, então esta distância é a hipotenusa (lado maior) de um triângulo cuja altura **h** é a altura da atmosfera. Tomo um triângulo retângulo menor, com hipotenusa de 2,5 m, esticada no chão, como uma corda. Observo a variação do ângulo dos raios solares em meu triângulo e meço a altura neste momento de início de escuridão. Depois é só fazer a proporção com o triângulo grande, de 250 km de base. O que Alhazen estimou é que a altura da atmosfera é de aproximadamente 100 km, o que é atestado hoje por nossos astronautas, inclusive um que é meu vizinho de bairro.

A propósito, a descrição desse procedimento de Alhazen foi o tema que escolhi como trabalho final para a matéria História da Matemática, quando concluí minha primeira graduação.

Muitos estudiosos consideram Alhazen o primeiro cientista da história. Em minha avaliação, o primeiro, por ter inventado o método científico, foi

Tales de Mileto. O autor inglês Brian Clegg, que escreveu o livro *Roger Bacon – The First Scientist* (Roger Bacon – o primeiro cientista), considera, como diz o título de sua obra, que esse pioneiro é seu compatriota, o frade franciscano inglês Roger Bacon. Alhazen é, sim, reconhecido mundialmente como o Pai da Óptica, um assunto muito estudado pelo frade. Roger Bacon, aliás, dominava a língua árabe e repetia que, em sua época, o século XIII, o homem culto tinha de ter fluência em três idiomas: árabe, grego e latim.

Consta que Alhazen foi condenado à prisão domiciliar entre os anos de 1011 e 1021, e nessa fase é que ele desenvolveu seus trabalhos em Óptica. Observando a trajetória dos raios de sol na parede da casa, ele obteve vários avanços no estudo da difração e da refração. O feito mais importante na área, porém, é que ele explicou, pela primeira vez, o funcionamento da visão. Percebeu que nós enxergamos porque raios luminosos trazem as figuras que estão à nossa frente até o cristalino do olho - Isaac Newton, no século XVIII, descobriu que o que o cristalino recebe são partículas, que no século XX foram batizadas de fótons e tiveram a desdita de dividir a forma de transporte da luz com a forma de onda: Einstein e outros físicos concluíram que a luz se transmite ao mesmo tempo por partículas e por ondas, encerrando a polêmica que vinha desde Newton como o dilema partícula-onda.

Saber Matemática, e saber como usá-la para resolver problemas, pode ser questão de vida ou morte. Clegg apresenta mais um aspecto da figura de Alhazen: era reconhecido em seu tempo como o maior resolvedor de problemas do mundo. O califa do Egito, Al-Hakim (986-1021), soube que Alhazen dizia aos amigos de Bagdá que possuía uma solução para o problema das cheias anuais do Rio Nilo. Desde os tempos iniciais da civilização egípcia, as cheias anuais não só destruíam animais e plantações como deslocavam terras de uns proprietários para outros, causando perdas econômicas e animosidades. A solução que Alhazen imaginava era a construção de grandes represas que servissem para domar a força das águas.

O califa, que tinha fama de muito exigente e muito cruel, mandou chamá-lo ao Cairo. Ele veio de bom grado e recebeu a incumbência de estudar o rio e apresentar o projeto redentor.

Alhazen pôs-se a campo, com sua prancheta de ardósia e sua lasca de pedra de escrita. Partiu rio acima e fez todos os estudos possíveis. A conclusão, após muitas semanas de trabalho, foi de que os recursos técnicos disponíveis no século XI não permitiriam realizar a obra com o propósito que ele havia prometido ao chefe de Estado. O fato não é incomum, leitor. Em grande parte dos casos de grandes inventos, o visionário constrói mentalmente o projeto e, quando lança mãos à obra, descobre que falta algum recurso, mental ou material, sem o qual o trabalho não se completa. Foi assim, por exemplo, com o computador, cujo projeto pioneiro, de Charles Babbage, na Inglaterra, iniciou-se um século antes que o daquele que, finalmente, apresentou comercialmente a máquina ao mundo, na Universidade da Pensilvânia, EUA, em 1946 (a máquina binária de Konrad Zuse, em Berlim, 1934-1938, representou um passo importante, mas não o definitivo).

Alhazen decidiu voltar ao Cairo e fazer sua explanação ao califa. Ele diria que tentou todos os meios para elaborar um projeto exequível (factível, como dizem muitos amigos meus), mas falhou na tarefa, pois o mundo não fornecia ainda os recursos necessários, e ele não era capaz de prover-los. Esse verbo "falhar", quando lhe veio à mente, trouxe-lhe uma realidade que até então ele evitava vislumbrar. O califa era homem muito cruel, e não admitia que uma incumbência que ele desse a alguém tivesse como resposta o fracasso. Seria morte certa.

Neste ponto, eu costumava interromper a história, quando a contava a meus alunos em sala de aula (na Granja Vianna, Cotia, eu soube depois que era conhecido como o professor que ensinava Matemática contando histórias), pedindo para eles pensarem em casa para ver se, por acaso, descobriam qual foi a saída encontrada por Alhazen para não morrer. Antes, ele raciocinou, com perspicácia, que, se fugisse, seria caçado aonde quer que fosse, e apenas faria com que sua morte fosse mais cruel. O que ele fez?

Os alunos pensavam e na aula seguinte continuavam pensando. Nunca nenhum deles encontrou a solução de Alhazen, que é um Ovo de Colombo *après-la-lettre*. Agora os espertinhos buscariam no Google e achariam a resposta, mas até há alguns anos, nem o Google falava disso.

Sem que ninguém trouxesse a resposta, eu contava o restante da história. Obviamente, deve haver parte verdadeira e parte fantasiosa, mas não temos como separar uma da outra.

Voltando lentamente para o Cairo, Alhazen punha o cérebro para operar sob uma pressão que ele nunca viveu antes. Errasse na estratégia, e seria degolado.

Achou a solução, pouco antes de chegar ao palácio. Não a solução para as cheias do Nilo, mas para salvar a própria vida. Despenteou os cabelos, fez uns rasgos na roupa, esfregou-se no chão e foi babando pelo caminho, usando todos os tinos de professor para fingir-se de louco.

Perto do palácio os guardas o viram e alguns o reconheceram.

- Este aí não é o matemático que o venerável califa mandou estudar a solução para as cheias do Nilo? - perguntou um.
- Parece um pouco, mas deve ser um louco qualquer – disse outro.
- Eu continuo achando que é ele. Que achas tu, Ibrahim? - perguntou o primeiro guarda a um terceiro.
- Concordo contigo. Acho que é ele mesmo.
- Coitado - disse o segundo guarda, já concordando com os outros dois, - ele pensou tanto no problema que perdeu o juízo.
- Vamos levá-lo ao califa, e este decidirá o que fazer – disse o primeiro guarda.

Na frente do califa, Alhazen não respondeu as perguntas que o monarca lhe fez. Apenas resmungava e pronunciava frases sem sentido.

O califa, desconfiado como todo monarca precisa ser, não quis correr risco. Talvez o matemático não estivesse de todo louco, mas apenas passando por uma crise. Será que todo grande matemático ao estudar um problema muito difícil não passa por esse tipo de contratempo? Era uma dúvida que o califa não conseguia sanar.

Pelo sim, pelo não, decretou a tal da prisão domiciliar. Quando o matemático estivesse curado, contaria a solução para o Nilo. Caso não tivesse a solução, morreria. Nisso transcorreram dez anos e o califa morreu. Sob o novo chefe de Estado, Alhazen foi solto, tornou-se súdito egípcio e viveu mais 19 anos no Cairo, até morrer naturalmente.

Algoritmo. No mundo árabe, Alhazen tinha consciência de que devia muito de seu fabuloso trabalho à trajetória intelectual de um matemático persa que marcou o século IX como o mais importante pesquisador de seu tempo. Depois da Geometria, na composição dos temas da Matemática básica do meio da Idade Média em diante, três palavras passaram a ocupar intensamente a mente das pessoas cultas: algrearismo, álgebra e algoritmo.

Todas as três vêm do nome ou do trabalho daquele matemático nascido no Usbequistão em área que em sua época pertencia à Pérsia (atual Irã). Trata-se de Muhammad Ibn Musa al-Khwarizmi, que, contratado pelo califa al-Mamun, filho de Harun al-Rashid, trabalhava na Casa da Sabedoria, a grande academia que al-Rashid, o esposo de Scheherazade, fundou em Bagdá. Alguns estudiosos afirmam que al-Khwarizmi nasceu na própria Bagdá, onde passou sua vida de trabalho. Outros dizem que ele vinha da cidade de Khwaresm, região de Khiva, Usbequistão, e que seu nome vem do nome da cidade. Ele viveu de 780 a 850, mas estas datas são aproximações.

Por que conhecer al-Khwarizmi é uma forte razão para se gostar de

Matemática? Antes de tudo porque ele trouxe uma grande facilidade para os estudos numéricos, com a adoção, em nível institucional e avançado, dos numerais hindus, que, por terem sido irradiados a partir do mundo árabe, com centro intelectual em Bagdá naquele tempo, ganharam o nome de numerais indo-arábicos. Antes, o costume era aproveitar as letras do próprio alfabeto para representar números, sem sistema posicional, o que tornava o uso da Aritmética uma tarefa penosa. Os gregos escreviam um apóstrofo antes do conjunto de letras, para indicar que elas estavam sendo usadas com papel numérico. Os romanos, como sabemos, usavam as letras I (1), V (5), X (10), L (50), C (100), D (500) e M (1000), longe de qualquer símbolo que pudesse representar a cardinalidade do vazio.

Al-Khwarizmi sistematizou o uso do zero na notação posicional, e tamanha foi a importância de seu papel nessa história que esses símbolos numéricos passaram a ser chamados de "algarismos", um modo mais simplificado de pronunciarmos "al-Khwarizmi". E "algoritmo", de onde vem? Esta palavra é também outra forma de dizermos "al-Khwarizmi", de um modo mais sofisticado que "algarismo", mas significando algo mais substancioso que um simples numeral. Algoritmo é qualquer conjunto padronizado de passos, ou procedimentos, que nos leva a um resultado numérico. Por exemplo, a armação da conta de somar, com uma parcela sobre a outra, alinhadas verticalmente as unidades, dezenas, centenas, etc., é um dos primeiros algoritmos que a criança aprende na escola. Outro exemplo é a fórmula resolutiva da equação do segundo grau, que Báskara inventou tendo por base um método criado por al-Khwarizmi (veremos daqui a pouco).

A outra palavra, "álgebra", não saiu do nome do matemático, mas do título de uma obra sua: *Al-Kitab al-Mukhtasar fi Hisab al-Jabr wal-Muqabala* (Compêndio de Cálculo por Restauração e Balanceamento). A palavra *al-jabr* (álgebra) do título significa "restauração", ou "completamento". Ocidentalizada, a palavra "álgebra" passou a ser usada tanto para trabalhar com valores antes e depois do símbolo de igualdade, como para a arte de "restauração" de encaixe dos ossos do corpo humano, um tipo de fisioterapia que se praticava nas grandes cidades até pelo menos o final do século XX. Na Avenida Francisco Morato, em São Paulo, até a altura do ano 2000, aproximadamente, havia uma placa numa casa com a expressão "algebrista". Não era um serviço de matemático, mas de massagista japonês.

Algumas páginas acima fizemos álgebra, nos moldes ensinados por al-Khwarizmi. Essa arte de completamento e balanceamento consiste em passar parcelas e fatores para o outro membro da igualdade, respectivamente como subtraendos e divisores. Também as potências são passadas para o outro lado como raízes, sempre com o uso da operação inversa. Se no primeiro membro da equação temos uma expressão somada com 5 e no segundo membro temos também uma expressão mais 5, então podemos eliminar esse valor 5, fazendo o balanceamento dos dois membros: o valor 5 de um lado cancela-se com o valor 5 do outro.

Que método foi esse que al-Khwarizmi inventou para resolver a equação do segundo grau um século antes de Báskara? Trata-se de um algoritmo não resumido numa fórmula. O nome do processo é "resolução pelo método do completamento do quadrado perfeito".

A álgebra de al-Khwarizmi era feita por extenso, porque as letras representando incógnitas foram introduzidas alguns séculos depois dele, na Europa, na fase do Renascimento, depois da descoberta da América. Usemos as letras atuais. Se temos uma equação completa do segundo grau, como $x^2+bx+c = 0$ (se o valor **a**, antes de x^2, é diferente de 1, dividimos os dois lados da igualdade pelo valor de **a**, para que tenhamos o coeficiente 1), tratamos de obter um quadrado perfeito dentro desta expressão. Al-Khwarizmi fazia isso usando retângulos e segmentos, de modo que a raiz encontrada, representando um tamanho de segmento, tinha de ser positiva. Raiz negativa, no desenho, era descartada.

Façamos um exemplo numérico. Tomemos a equação $x^2+6x-40 = 0$. Como obter o quadrado perfeito? É simples. Usaremos a fórmula do primeiro produto notável: o quadrado do binômio resulta no quadrado do primeiro (termo) mais duas vezes o primeiro pelo segundo, mais o quadrado do segundo. Para descobrir quem é esse "duas vezes o primeiro pelo segundo" basta dividir o multiplicador de **x** por 2. Em nosso exemplo, dividimos 6 por 2, para vermos que a equação pode ser escrita como $x^2+2*3x+... = 40+...$. (O termo independente, 40, foi passado para o segundo membro porque dificilmente ele seria o número a completar o quadrado perfeito, e as reticências indicam que vamos descobrir esse valor que falta e, como completaremos o quadrado perfeito no primeiro membro com ele, teremos de acrescentá-lo também no segundo membro, pela regra do balanceamento.)

Se o primeiro valor era x, e o dobro do primeiro pelo segundo deu 2*3x, obviamente o segundo valor é 3. Aquelas reticências têm de ser preenchidas com o quadrado deste número. Teremos: $x^2+2*3x+3^2 = 40+3^2$. Fatorando o primeiro membro, temos de pôr entre parênteses o primeiro termo, x, e o segundo termo, 3, com todo o binômio elevado ao quadrado. No segundo membro, somaremos 40 com 3^2, isto é, 40 com 9.

Nossa montagem dará $(x+3)^2 = 49$.

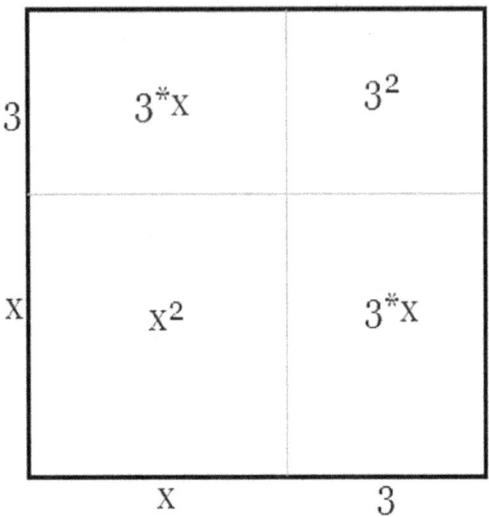

Quadrado perfeito de al-Khwarizmi

O desenho para esta equação mostra um quadrado de lado **x**, que ainda não sabemos quanto vale, acrescido de um segmento de valor 3. Marcamos na base x+3, unindo os dois pedaços, e na vertical fazemos o mesmo, escrevendo x+3 de baixo para cima, do lado esquerdo da figura. Traçamos um segmento paralelo à base no ponto que separa **x** e 3, e traçamos um segmento vertical no ponto que separa **x** e 3 na base. Teremos um quadrado menor, de lado **x**, e, como ampliação, um quadrado maior, de lado x+3. Na parte de cima temos um retângulo de base **x** e altura 3. À direita temos um retângulo de base 3 e altura **x**. No canto superior direito, forma-se um pequeno quadrado, de lado 3. Esse quadrado está dizendo que a área 49 é composta de x^2 mais dois retângulos de área 3x, mais um quadradinho de área 3^2. É o que tínhamos antes de fazer a fatoração da equação.

Se a área desse quadrado grande é 49, como vimos no segundo membro da equação, quem será esse segmento de valor **x**? Resolve-se facilmente, porque é sabido que o lado do quadrado de área 49 tem de ser 7. Se um pedaço já vale 3, basta fazer o "completamento do quadrado perfeito".

Usando a álgebra que al-Khwarizmi ensinou, extraímos a raiz quadrada dos dois membros da equação $(x+3)^2 = 49$. Ficamos com x+3 = +7 (dispensando já o valor -7, que levaria a um segmento negativo). Passando 3 para o segundo membro, temos x = 7-3. Nosso segmento tem tamanho x = 4.

Se quisermos achar as duas raízes, usaremos o valor -7, e teremos x = -7-3, o que nos dá x = -10. Isso não entra no desenho, já que não existe distância negativa, ou segmento de tamanho negativo. Lembremos aqui que o resultado tampouco pode ser negativo se representa área ou tempo.

Como resolver por al-Khwarizmi $x^2-10x+21=0$? Primeiro dividimos 10 por 2 para encontrar o "2 vezes". Depois fazemos $x^2-2*5x+..= -21+...$ Agora temos $x^2-2*5x+5^2= -21+5^2$, que dá $(x-5)^2=-21+25$, ou $(x-5)^2=4$. Extraindo a raiz quadrada, temos x-5=+2, ou, também, x-5=-2. Um resultado é x=+2+5, i. e., x=7, enquanto o outro é x=-2+5, i. e., x=3. É fácil, concordas?

Al-Khwarizmi foi também um grande astrônomo e um exímio geógrafo. Um de seus legados foi um *mappa mundi* atualizado, com várias correções no mapa herdado dos gregos antigos, elaborado por Ptolomeu. Nesse trabalho, o matemático de Bagdá contou com uma equipe auxiliar de 70 geógrafos.

Ofícios. Se tu, leitor, ainda não te convenceste da oportunidade de gostar da Matemática pelo valor dessa matéria, vamos falar das profissões que dependem dela. Antes, discutamos a origem da palavra. Matemática vem de "mátema", palavra grega que significa aprendizado. Pitágoras criou a palavra, no século VII a C. com o sentido de "ciência do aprendizado". A outra palavra que ele criou, para usar na escola dele, foi "Filosofia", que significa, como o leitor sabe, "amor à sabedoria". Compunha a disciplina Matemática, na escola que Pitágoras criou em Crotona, sul da Itália - no mundo, foi a primeira escola para adolescentes e jovens pós-paideia, isto é, pós-jardim -, quatro áreas: Aritmética, Geometria, Música e Astronomia.

Boécio, em Roma, pouco mais de um milênio depois, criou o currículo que vigorou por quase toda a Idade Média partindo daquela separação de áreas de Pitágoras. Eram o *trivium* e o *quadrivium*. O *quadrivium* (quadrívio) era exatamente o conjunto das quatro matérias da Matemática pitagórica. O *trivium* (trívio) era composto de Gramática, Retórica e Lógica.

Por divergências com o Imperador Justiniano, Boécio foi condenado, preso e, finalmente, degolado. Nessa altura, no ano 529, Justiniano mandou fechar a Academia de Atenas e o Museu de Alexandria. O argumento dele era que não havia mais necessidade de investir em pesquisa científica, pois todo o conhecimento que importa já "está na Bíblia". Todo o investimento do império em estudos voltou-se para a jurisprudência, na produção do

Corpus Iuris Civilis, de onde não havia risco de surgir alguma descoberta matemática desconcertante.

Boécio havia tentado, de modo infrutífero, introduzir o ensino dos numerais hindus em Roma. A ideia não foi à frente porque aqueles numerais ainda se apresentavam sem o zero posicional, de modo que não havia muita vantagem na troca, e seus compatriotas continuaram com seus numerais romanos.

Na França, no século X, o padre Gerbert começou o ensino europeu dos numerais indo-arábicos. A ideia foi pouco a pouco sendo espalhada e não retrocedeu mais, mesmo porque o padre se tornou papa depois, com o nome de Silvestre II.

Mas só em 1189, 660 anos depois do fechamento da Academia, é que a Europa voltou a ter uma instituição com propósito equivalente, a Universidade de Bolonha. Nesse tempo, da Baixa Idade Média, a universidade, restaurada, oferecia a formação matemática no curso chamado de Bacharelado em Artes. Essa foi a graduação de Roger Bacon, por exemplo, na Universidade de Oxford, no século XIII.

Com o Renascimento, o tabu instalado por Justiniano foi finalmente vencido. Grandes cientistas europeus retomaram a pesquisa com todo o vigor, mesmo com o risco de ir parar na fogueira da Inquisição, continuando o que os árabes deixaram pelo caminho, após a derrocada de Bagdá, que se deu em 1258, invadida pelos mongóis da família de Gêngis Khan.

Hoje temos muitas carreiras sólidas sustentadas no conhecimento matemático. É o caso da Matemática propriamente dita, da Ciência da Computação, da Estatística, da Meteorologia, da Astronomia, da Física, da Química, das várias Engenharias, da Administração, da Tecnologia da Informação, da Economia, da Contabilidade, da Biologia Molecular e da Arquitetura.

As carreiras de Computação e Estatística estão dentro da área da Matemática. Computação vem do verbo "computar", que é o mesmo que "calcular", e dessa palavra veio o verbo "contar". "Contar" é apenas uma corruptela de "computar". Já a palavra "calcular" vem de "calculus", pequena pedra, em latim, pois os antigos usavam ábacos de pedrinhas para fazer cômputos. Nos velhos tempos a Estatística era vista apenas como um uso da Matemática para fins de governo e administração, mas os trabalhos de Carl Friedrich Gauss, no século XIX, e de Nikolai Kolmogórov, no século XX, mostraram que ela é um dos capítulos da Matemática rigorosa.

Como dito acima, a Matemática Pura teve início em 1848, com o lançamento do livro "Análise Matemática da Lógica" (*Mathematical Analysis of Logic*), de George Boole, que o ampliou depois como "As Leis do Pensamento" (*The Laws of Thought*), de 1854. Bertrand Russell situa nessa fase a separação entre a Matemática Pura e as ciências aplicadas que até então eram tidas como parte integrante da Matemática, como a Física, a Astronomia e a Navegação.

O que ocorreu é que, a partir daí, estudos que envolvem o tempo e a matéria, como é o caso da Física, saíram do âmbito da Matemática, que trata, como diz meu amigo Odilon Luciano, de coisas paradas, ou coisas mortas. (Odilon Luciano, para quem não o conhece, é o professor mais precoce da história da Universidade de São Paulo, USP, tendo iniciado a graduação, como meu colega, aos 14 anos, junto com o Ensino Médio, e assinado contrato como docente aos 17 anos. Temos depois a USP proibiu matrícula na graduação a menores de 16 anos, de modo que a primazia dele não poderá ser desmontada.)

Quando em Computação falamos em tempo de processamento, a palavra "tempo", no contexto, refere-se a número de passos, uma ideia puramente matemática. Não se trata de tempo de relógio, embora não seja proibido medir o tempo de processamento de um programa com horas, minutos e segundos.

A restrição ao estudo de coisas estáticas diminui a Matemática? Pelo contrário. Contribui para torná-la mais simples e, portanto, mais rica e mais segura. No início do século XIX os positivistas franceses classificaram as ciências segundo o seguinte critério: do mais simples e geral para o mais complexo e particular. Isso resultou na ordem: Matemática, Astronomia, Física, Química, Biologia, Antropologia. Antropologia seria uma ciência humana abrangente, da qual fariam parte a Sociologia, a Política e outras. Com o tempo, essa ciência humana passou a ser chamada de Ciências Sociais, tendo a Antropologia como um de seus ramos. A Psicologia, que não era ainda uma ciência laboratorial, era rejeitada por esses positivistas, e só quase no fim do século, em 1879, foi que Wilhelm Wundt, contrariando aquele preconceito, instalou, em Leipzig, o primeiro laboratório da disciplina, que, a rigor, é uma ciência biológica. Muitas das concepções daqueles filósofos são hoje vistas como coisa ultrapassada, mas a visão de que a Matemática é a ciência mais simples e mais geral foi sempre confirmada, nunca posta em dúvida, a não ser por gente que tem muito pouca afinidade com o tema. Não se pode confundir "simples" com "banal", porém, porque ela demanda dedicação e atenção.

É importante mencionar que o livro de Boole teve o propósito explícito de transformar a Lógica de Aristóteles, até então uma disciplina filosófica, em capítulo da Matemática. No livro ele mostra, passo a passo, que todas os processos usados na análise das proposições podem ser incorporados no que ele chamou de Cálculo Proposicional, ou "Álgebra da Lógica". Boole era amigo de Augustus De Morgan, que já vinha traduzindo para a Álgebra alguns resultados da Lógica, mas Boole foi quem mostrou que não sobrava pedra sobre pedra no edifício da "lógica discursiva". Toda a Lógica do filósofo de Estagira era transformada em Álgebra. Isso teria dado um grande susto no macedônio, que não era muito afeito à Matemática. Mal podia ele imaginar que dentro da Matemática viríamos a ter não só toda a Lógica, mas também capítulos como a Teoria das Catástrofes, a Teoria do Caos e a Teoria dos Fractais.

Progressão. Em Teoria dos Números, uma progressão, ou sequência, é um conjunto de números que tomamos, de forma aleatória ou sob algum critério, representados por valores separados por vírgula, ou "ponto e vírgula" (Epa! Aqui está uma prova de que não convidaram bons matemáticos para ajudar na reforma ortográfica da língua portuguesa, que entrou em vigor em 2012: a palavra "ponto-e-vírgula" tornou-se "ponto e vírgula", de modo que e o professor disser ao aluno para usar "ponto e vírgula", este, como todo o direito, pode usar o ponto e a vírgula, em lugar do "ponto-e-vírgula", ou "semivírgula"). Pode ser um conjunto de infinitos números, ou um conjunto finito, desde que seja ordenado, isto é, seja formado por elementos que não troquem de posição ad libitum. Assim, a sequência (4, 2, 7) é muito diferente da sequência (4, 7, 2). Estas são duas sequências finitas. Exemplos de sequências infinitas são (0, 1, 2, 3, 4,...), progressão dos números naturais, e (8, 1, 153, -10, 47,...), uma sequência aleatória. Se queremos representar um conjunto numérico não ordenado, escrevemos os valores entre chaves, não entre parênteses.

Entre as sequências obtidas a partir de um critério, ou uma lei de formação, as mais usadas e comportadas são a Progressão Aritmética e a Progressão Geométrica. Uma Progressão Aritmética (PA) é aquela em que cada termo, depois do primeiro, é igual ao termo anterior mais um número fixado, chamado "passo", ou, na linguagem despreocupada da lusofonia, "razão da PA", indicada pela letra **r**. Uma Progressão Geométrica (PG) tem quase a mesma lei de formação, apenas observando-se que cada termo é igual ao anterior multiplicado pelo número fixado, que se chama, agora legitimamente, "razão", indicada pela letra **q**, de "quociente". Uma PA pode ser crescente, constante ou decrescente, enquanto que uma PG pode ser crescente, constante, decrescente ou oscilante. Um exemplo de PA é (3, 5,

7, 9,...). O passo aí é o número 2, pois basta descontar 5-3 para termos esse valor que é somado a cada número para chegar ao seguinte. Um exemplo de PG oscilante é (1, -3, 9, -27, 81,...). Qual será a razão aí? Basta dividir -3 por 1, para obtermos q = -3. Este é o valor que multiplicado a cada termo produz o seguinte.

As sequências são de uma utilidade indiscutível, principalmente no trabalho em programação de computadores. Mas o assunto entrou aqui como um subterfúgio para voltarmos a falar do maior pesquisador de Teoria dos Números em toda a história, que foi o alemão Carl Friedrich Gauss (1777-1855). Quando Napoleão Bonaparte, também professor de Matemática, da Escola Politécnica de Paris, levava suas tropas para leste, com o objetivo infeliz de conquistar a Rússia, ao atravessar a Prússia pediu aos soldados que poupassem a cidade de Brunswick, explicando que "o maior matemático de todos os tempos reside lá".

Por trás desse episódio há uma história comovente, acerca da situação da mulher na história da ciência, mesmo passados 14 séculos do martírio de Hipácia de Alexandria. Sophie Germain, grande pesquisadora francesa, costumava trocar cartas com Gauss, em altas discussões matemáticas. Ela teria ingressado na Escola Politécnica, se aquela faculdade aceitasse mulher. Ainda não era o caso. Havia um jovem conhecido dela, Antoine-Auguste Le Blanc, que estudava lá, mas não acompanhava bem o curso. Desistiu, por fim, e mudou-se de Paris, coisa que os professores não sabiam. Ela então pegava as tarefas destinadas a ele, resolvia-as e colocava nos escaninhos dos professores. Eles corrigiam e, em resposta, elogiavam o progresso do jovem. Assim ela foi crescendo na ciência, fazendo-se passar por um homem. Nas correspondências com Gauss, usava o mesmo recurso, por via das dúvidas.

Na partida do exército, ela pediu a um dos oficiais que ela conhecia bem, Pernety, que intercedesse junto a Napoleão em favor de Gauss.

Pernety não resistiu e quis conhecer Gauss pessoalmente. Contou-lhe sobre o empenho de Sophie Germain em preservar a vida do alemão, por temer que os soldados fizessem com ele o que os homens de Marcelo, na Roma Antiga, fizeram com Arquimedes. Lá, outros sicilianos viram quando um soldado atacou-o pelas costas com uma lança quando ele estava na praia, absorto, estudando uma figura casualmente formada na areia, e não respondeu a uma pergunta feita pelo soldado, mesmo tendo o general avisado antes que queria Arquimedes vivo. Gauss apenas estranhou o nome de sua protetora, Sophie Germain. Disse que não se lembrava de nenhuma conhecida na França que se chamasse Sophie. Pernety então falou do trabalho matemático dela, e Gauss percebeu. Era o jovem Le Blanc, com quem ele trocou tantas correspondências acadêmicas sem saber que falava com uma mulher.

Sophie Germain morreu em 1831, bem antes de Gauss, mas nasceu só um ano antes dele, em 1776. Tinham praticamente a mesma idade e, assim, compartilhavam as mesmas inquietações científicas.

Quando criança, o aluno Carl dava trabalho ao professor, porque era muito rápido nas tarefas e sempre ficava com tempo de folga, enquanto seus colegas sofriam para cumprir as obrigações em aula. Carl era o exemplo do verdadeiro aluno hiperativo, que faz tudo antes do previsto e passa a conversar e cutucar os outros. Thomas Alva Edison, tempos depois, nos Estados Unidos, foi outro exemplo. Ficou só dois meses frequentando a escola, pois a mãe, sabendo que ele levava muitas reguadas nas costas, pela hiperatividade, tirou-o da sala de aula para continuar a educação dele em casa. Obviamente ele já tinha aprendido as letras e já estava alfabetizado nesses dois meses. (Não faças isso em casa, leitor, porque não estamos mais no século XIX.)

Alguns autores dizem que Gauss estava com oito anos no momento do episódio que vamos ver aqui. Outros afirmam que a idade dele era de seis anos. Não sabemos quem está mais próximo da verdade, mas os fatos advogam por oito anos.

O problema era na aula de Matemática, porque no restante havia consonância entre o ritmo de Gauss e o dos demais. Num ditado, por exemplo, todos os alunos seguem o mestre ao mesmo tempo. O professor decidiu encontrar um meio de deixar Gauss ocupado, enquanto os outros faziam suas tarefas, cada um em sua vagareza. Imaginou que tinha achado a saída.

Quando todos estavam fazendo o exercício proposto e Gauss, obviamente, já havia terminado, o professor apresentou a novidade.

- Carl, tenho uma tarefa específica para ti.
- Pode ordenar, mestre. Estou pronto.
- Vais adicionar a sequência dos números inteiros de 1 até 1001.
- Como assim? Somar 1002 números?
- Para um aluno qualquer seria difícil, não para ti.

Gauss foi para sua carteira e o professor respirou aliviado. Agora o garoto tinha o que fazer pelo resto do dia letivo.

O sossego do professor, porém, durou muito pouco, alguns minutos se muito.

Gauss raciocinou do modo que vem a seguir. Se temos de somar só os três primeiros números, 1, 2 e 3, a soma dos três dará o mesmo valor que o triplo da média aritmética deles, isto é, 1+2+3 é o mesmo que 2+2+2. (O fato de Gauss já conhecer a noção de média aritmética pesa em favor dos que apostam na idade de oito anos.)

Gauss fez mais um teste. Se a soma vai até 5, será que a ideia funciona? Teremos 1+2+3+4+5. A média, que coincide aí com o termo do meio, é 3, porque é 15:5. Mas numa sequência assim, há uma vantagem maior: a média aritmética é a média das duas extremidades. Neste último caso, é a média dos dois números 1 e 5. Como a média dá 3, basta multiplicar este valor pela quantidade de termos, que é 5, para alcançar a soma total. Temos 3*5 = 15. No caso anterior, era a média de 1 e 3, que dava 2, e então multiplicando o valor por 3 chega-se a 6. Então ele viu que bastava tomar as duas pontas e dividir por 2, multiplicando essa média pela quantidade de números. Se queremos somar de 1 a 9, fazemos a média aritmética das duas pontas, dividindo 1+9 por 2, e o resultado 5 multiplicamos pelo total de números, que é 10.

Pronto! Gauss "somou" aqueles 1002 números em poucos minutos e levou o resultado ao professor. Ele somou? Não! Usou a descoberta que ele acabou de fazer: a fórmula da soma dos primeiros termos da PA. Simplesmente somou 1 com 1001, obtendo 1002, dividiu o valor por 2, para chegar à média 501, e por este valor multiplicou **n**, o total de números, que era 1002. Isso dá 502.002.

Em definitivo, se o primeiro número da PA é **a** e o último que queremos é **k**, a soma Sn desses primeiros termos, isto é, de **a** até **k**, é dada por [(a+k)/2]*n. Se o primeiro termo é 5, se o passo é 3 e queremos somar até 38, temos de descobrir primeiro que o total **n** de termos é n = 12 (se necessário, usamos a fórmula do termo geral da PA, k = a+(n-1)*r) e, então, aplicar a fórmula. A soma será [(5+38)/2]*12. Quando a sequência é de números inteiros, sempre o valor dos parênteses, ou o valor de fora, um dos dois, será divisível pelo denominador 2. Ficamos com [43/2]*12, ou 43*6. O resultado é 258.

Depois da morte de Gauss, descobriu-se que ele escrevia um diário. Não era um diário de amenidades e eventos corriqueiros, como o que almoçou ou com quem ele foi ao teatro, mas um diário de atividades científicas. Em quase todos os dias registrados havia um fato matemático, quase sempre uma nova descoberta.

Atratividade. Há os que se dedicam à Matemática por descobrir nela algo divino, como foi o caso de Pascal, e há os que veem nela a atividade profissional mais prazerosa entre as que temos disponíveis. Este certamente foi o caso de Simeon Denis Poisson (1781-1840), a quem devemos importantes trabalhos nas áreas de Eletricidade e Probabilidade. Ele dizia: "A vida é boa por causa de duas coisas: fazer Matemática e ensinar Matemática."

Podemos dizer que as pessoas são atadas à vida através da divindade ou através da Matemática, que é, segundo Galileu, a língua com que a divindade se comunica conosco. Os ateus e agnósticos têm, pois, na Matemática seu motivo maior para continuar vivendo. Já o teístas e os deístas que cultivam a Matemática têm motivo redobrado para viver.

É muito difícil acompanhar esta ciência? Não, se o aluno e o professor entendem que há os que a abraçam como ofício de vida e há os que precisam aprender dela o conhecimento básico para a vida quotidiana. É muito confortável clicar um ícone na tela do computador, ou pressionar esse ícone com o dedo na tela do táblete e, observando a ação em curso, saber que isso ocorre através de uma função matemática, conhecendo bem o conceito de função. Ou o usuário sabe como ocorre o funcionamento matemático da máquina, ou toda a tecnologia à frente dele vem como mágica de algum grande manipulador. Não é por acaso que tem crescido o número de vítimas de transtorno delirante de tipo persecutório, e coletivizado, a velha paranoia da conspiração.

"Qualquer que seja tua dificuldade em Matemática, eu te asseguro que a minha é maior." Quando Albert Einstein disse isso ele não estava confessando ser um aluno fraco na matéria. Ele estava avisando, implicitamente, que os problemas que tu tens de enfrentar usando Matemática são muito mais simples do que aqueles com que ele se deparava em seus estudos de Teoria da Relatividade Geral. Sim, grandes problemas demandam grandes ferramentas. Para quem não é cientista, engenheiro, economista, ou algo do tipo, a Matemática necessária é a do ensino básico.

E que dizer de um ateu que não quer nenhum namoro com a Matemática? Este tem a Lógica como um bom campo de estudos para se dedicar, não para fugir da Matemática, mas para usar dela um tópico que ninguém, em sã consciência, pode dispensar – quem brigou com a Lógica é quem está doente da cabeça. O problema é que a Lógica é fácil e familiar para os que passaram por bom treinamento em Geometria e Álgebra. Do contrário, ela é um pântano de areia movediça: quando o estudante imagina que está sabendo tudo, está fazendo tudo errado. Para formalizar a Lógica, em seu livro "Órganon", Aristóteles não teve tempo de perceber quanto daquilo estava em débito com as noções de Geometria que ele aprendeu com Platão.

9. A força da Geometria

Temos muitos remédios contra a doença da aritmofobia, mas a mais poderosa em termos de vacina, já que pode alcançar toda a população escolar, é a Geometria. Com a garantia de um bom aprendizado de Geometria Plana por parte dos jovens, a aritmofobia evapora-se como evaporou-se o sarampo entre as crianças.

No livro "Projetos para o Brasil", José Bonifácio apresenta numa página os 20 motivos pelos quais Portugal não se deu bem na ciência. Um desses 20 motivos, deixados para o final da lista, é a constatação de que Portugal "não deu importância ao Desenho Geométrico".

Talvez ciente disso, Benjamin Constant Botelho de Magalhães, que elaborou o currículo para o Colégio Pedro II, no Rio de Janeiro, currículo que aos poucos foi sendo estendido para todo o Brasil, com ênfase nas ciências básicas, coisa rara no mundo (outros países têm currículo mais voltado para a ciência, mas não para toda a população).

Eliminação. Tudo vinha caminhando lentamente, sem sobressalto, até que, no Município de São Paulo, o advogado Jânio Quadros, em sua segunda passagem pela cadeira de prefeito, de 1986 a 1989, aboliu a disciplina Desenho Geométrico do currículo do liceu júnior, então nível fundamental II. Dois ou três anos depois, outro advogado, o Governador Fleury Filho, fez o mesmo com a matriz curricular das escolas estaduais do Estado de São Paulo. A coincidência do diploma de advocacia nos dois casos não é indicativo de que a advocacia atira para um lado e a Matemática para outro. Advogados que respeitam e prezam a Matemática, como os tributaristas, os de Direito do Trabalho e os de qualquer outra área jurídica, saem-se muito melhor nas causas que defendem que os vitimados por aritmofobia. Se és advogado e sabes que teu oponente tem horror de Matemática, já descobriste o mais fraco de todos os pontos fracos dele! E como aqueles dois, eivados de aritmofobia, chegaram a chefes de Estado? Ora, porque o sistema eleitoral majoritário da América Latina ainda é tragicômico.

Em ambas as medidas, No Município e no Estado, argumentava-se que Desenho Geométrico é capítulo da Matemática e deveria ser tratado pelo professor de Matemática, não cabendo uma matéria específica para o estudo do assunto.

Como as modas de São Paulo, capital e interior, são rapidamente seguidas pelas demais regiões do Brasil, o padrão passou a ser esse da eliminação da disciplina Desenho Geométrico.

Cinco ou seis anos depois dessa perda horrenda é que passei a receber no Ensino Médio alunos com sintomas graves da doença. No tempo em que a matéria era cultivada em todas as escolas de Ensino Fundamental, um ou outro aluno apresentava resistência à Matemática, quase sempre por falta de domínio de um ou outro tópico, principalmente adição de frações, mas nenhum caso era patológico. Se o aluno tinha condições mentais para aprender línguas, ciências naturais ou Geografia, em pouco tempo ele fazia as pazes com a Matemática. De 1996 em diante, a realidade se transformou.

A Geometria não passou a ser ensinada pelo professor de Matemática, conforme o plano governamental? Para não dizer que isto é totalmente falso, uma faixa de 1 em cada 50 professores trabalha um pouco de Geometria em suas aulas de Matemática. É como se a vacina Sabin, contra poliomielite, fosse aplicada apenas em 1 a cada 50 creches. O ganho seria quase desprezível. Seria fazer o Doutor Sabin morrer de novo, assim como a medida de Fleury Filho e Jânio Quadros matou mais uma vez o mestre Euclides de Alexandria.

A experiência de eliminar um conteúdo argumentando que ele seria embutido em outro não era novidade. Foi assim que o regime militar, na reforma do Ensino Médio, de 1971, aboliu a Música de Villa-Lobos, ensinada na matéria Canto Orfeônico. Escreveram que ela seria incorporada à nova disciplina Educação Artística. A Música na escola morreu a partir daí, assim como a Geometria praticamente morreu no início dos anos 1990. Mas não seria o caso de simplesmente orientar os professores a fazer aquele trabalho? Não, não é tão fácil. Nenhuma necessidade justifica ferir a liberdade de cátedra. Para que os alunos aprendam Música, uma disciplina específica deve existir. No tempo do quadrívio não se exigia que o professor de Astronomia ensinasse Música. O mesmo ocorria com Geometria. Cada um tinha sua incumbência.

Tratamento. Se a família quer vacinar suas crianças contra a aritmofobia e elas estão em sistema de ensino que segue esse padrão de desprezar a Geometria, pode resolver o problema contratando professor particular da matéria. Se o aluno não tem de fazer prova (no curto prazo) sobre o tema, fica difícil convencer o aluno a dedicar-se a isto, mas não se trata de luxo nem de esnobismo, e sim de remédio preventivo. Mais à frente, sem ter estudado o assunto na escola, o aluno terá de encará-lo, seja no exame de ingresso do Ensino Médio técnico, seja no vestibular.

A estratégia de contratar um professor particular para Geometria não é algo inédito na história, certamente. O caso mais conhecido é o de Felipe II da Macedônia. Ele contratou Aristóteles como preceptor de seu filho Alexandre, que se tornaria depois Alexandre Magno. Aristóteles ensinava Filosofia, Retórica, Lógica, Física (esta naquele tempo tratava mais de Biologia que de Mecânica), etc. Mas Aristóteles não tinha afinidade com Aritmética e Geometria. Cumpriu suas obrigações como aluno de Platão, mesmo porque estava escrito no pórtico da Academia a famosa frase "não entre se não for geômetra", mas não se encantou nunca com a beleza da Matemática, ao que se depreende de sua obra. Assim, Felipe decidiu agregar outro preceptor, exímio em Matemática. Contratou então o geômetra Menaecmos, outro aluno de Platão.

Uma das vantagens do aprendizado da Matemática através da Geometria, pelo menos em nosso caso de herdeiros da cultura ibérica, é que o aprendizado se disfarça como algo fora da Matemática. Geometria é o cerne da Matemática básica, como o General Arquitas de Tarento dizia a Platão para convencer o ateniense a fundar a Academia. Mas se ela é ensinada como "Geometria", "Desenho Geométrico", "Euclides", ou qualquer nome que se queira dar não lembrando a palavra Matemática, o aluno aprende a Matemática mais sofisticada, como é a demonstração de teoremas, sem se dar conta disso. Quando ele menos espera, está comprometido positiva e emocionalmente com a Matemática. Não é enganação? Ora, se for provado que o placebo cura dor de barriga, vamos rejeitar o tratamento porque ele não é alopático? Mas não é o caso de uso de placebo esse da Geometria. Há experiências mostrando que certas crianças que não aceitam comer brócolis, comem com satisfação o produto se as mães pedirem antes para elas fecharem os olhos. Se a cor do brócolis assusta, importa a substância. Abstraia-se a cor. Se o nome Matemática assusta, utilize-se a substância, que começa pela Geometria.

A Geometria, diferentemente da Aritmética, funciona como o alfabeto visual da Matemática. Quando iniciamos o aprendizado da leitura, temos de dominar nossas 26 letras latinas. Os gregos, 24 letras. Sabendo de cor as 26 letras e tendo domínio do funcionamento delas na formação das palavras, estamos alfabetizados. Conhecer o significado de cada palavra é outra etapa, que não termina nunca, embora alguns malucos por aí venham dizendo nos últimos anos que alfabetizado é quem, além de ler, sabe o significado de qualquer palavra escrita. Esse tipo de gente não foi bem alfabetizada, nem conhece o dicionário, onde sempre encontramos vocábulos que nunca vimos ou que não lembrávamos que existiam.

Desde o final do século XIX, ninguém conseguiu fazer nenhuma descoberta nova na Geometria Euclidiana. Pressupõe-se disso que o terreno está esgotado, não havendo mais o que garimpar nele. Longe de entender que isso é motivo de abandono da área, temos de ter consciência de que se trata do alfabeto, o código a partir do qual a Matemática passa a fazer sentido para nós.

Esse código está completo, ao contrário da Aritmética.

Se alguém sonha em ser arquiteto, deve começar por valorizar o aprendizado da Geometria. Se quer ser artista plástico, idem. Se quer ser projetista industrial, preze a Geometria com mais razão ainda. Se quer saber argumentar bem no tribunal, como jurista, ou na tribuna, como político, deve ter ciência de que o aprendizado dos métodos de demonstração de teoremas de Geometria é o melhor caminho para apresentar como profissional um desempenho exemplar.

Mas se o jovem pretende seguir a carreira de Medicina, talvez pense que a Geometria, como toda a Matemática, servirá apenas como recurso para vencer a corrida pela vaga na faculdade. Está enganado. Se em seu tempo de curso primário e curso ginasial teve oportunidade de manusear, até a capacitação mínima necessária, instrumentos como régua, esquadro, compasso e tesoura, tudo isso usado no Desenho Geométrico, será um cirurgião que dificilmente errará o corte no corpo do paciente. O Desenho Geométrico, assim como a Música, dá ao aluno a oportunidade de treinar suas duas mãos. Um médico que tenha estudado Desenho Geométrico na escola fundamental estará em condição muito superior à daquele que em seus tempos de ensino básico só usou a mão para escrever textos, e, não sendo canhoto, só teve oportunidade de treinar a mão direita, mesmo que haja passado pelo desenho artístico.

Abordagem. Em que idade a criança deve começar a estudar Geometria? Ora, quando iniciar a alfabetização. No jardim de infância, antes da escola propriamente dita, que se inicia em geral ao seis anos de idade, a criança passa grande parte de seu tempo praticando desenho artístico, traçando linhas e pintando. Chegando à escola regular ela já possui algum domínio do uso da mão para fazer traçados. Junto à alfabetização, deve iniciar o aprendizado da Geometria, desenhando e distinguindo segmentos, retângulos, triângulos e circunferências.

Quando a criança iniciar seu aprendizado de adição, pode somar medidas de segmentos, em lugar de apenas fazer contas abstratas. Para somar 15+28+17+8, ela pode retirar esses valores de uma linha poligonal, uma sequência de quatro segmentos cujas medidas são estas. A pergunta é: qual o comprimento da linha poligonal?

Aritmofobia – como curar o horror da Matemática

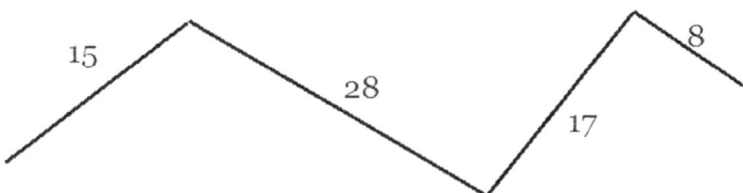

    Várias linhas poligonais podem ser apresentadas, para que a criança calcule o tamanho. E ela também pode fazer somas para achar o perímetro de um retângulo, ou de um quadrilátero irregular.

    Depois que ela se acostumar a calcular perímetros, as figuras podem ser usadas na subtração. Apresentamos, por exemplo, um triângulo com lados 18, 21 e (?), com a informação de que o perímetro vale 54. Para aproximar mais do mundo prático a ideia determina-se que essas medidas estão todas em centímetros. Se a soma dos três lados vale 54, como achar a medida do lado que está com interrogação? A criança deve perceber, ou deve ser ajudada a perceber, que somando os dois lados dados ela terá um subtraendo, que, operado com o minuendo 54, dará o resto, que é a resposta à interrogação. Ela fará 54 – 39, obtendo 15.

    Quando chegar à multiplicação, um problema dado pode ser uma linha poligonal com segmentos de mesmo tamanho. Se mostramos uma linha formada por 8 segmentos, cada um medindo 13 centímetros, a criança multiplicará 13*8, e obterá o produto 104.

    Também poderá obter o perímetro de polígonos regulares. Se é um triângulo, multiplicará o lado por 3; se for quadrado, por 4; se for um pentágono, por 5; e assim por diante.

    E já que estamos na fase de multiplicação, introduz-se o conceito de área. A criança calculará a área de um retângulo, multiplicando as dimensões base e altura. Pode achar também a área do triângulo, multiplicando a base pela metade da altura. Pode-se escrever a fórmula por extenso: base*altura/2. Mais à frente ela aprenderá que isso se torna $A = b*h/2$.

    E como utilizar a conta de divisão nas figuras geométricas? Fazendo, como no caso da subtração, a operação inversa, a partir dos totais. Damos um hexágono regular de perímetro 42. Qual deve ser o valor de cada lado? A criança contará e verá que tem 6 lados. É só dividir.

    No quarto ou no quinto ano, ou mesmo no terceiro, quando vierem as operações com numerais decimais, os segmentos apresentam medidas com vírgula. Pode-se pedir o perímetro de um quadrilátero cujos lados, indicados na figura, medem 7,3; 12,6; 9,8 e 11. A criança fará a operação 7,3+12,6+9,8+11,0, pondo vírgula sob vírgula, e obterá a resposta 39,7.

Enxergar o que está calculando é um modo poderoso de fazer a criança familiarizar-se com os números, perdendo o medo deles.

Se a Matemática é a ciência do aprendizado, conforme a intenção de Pitágoras quando inventou a palavra, a Geometria (significa "medida da Terra") é o instrumento de clarificação desse aprendizado, a perna dianteira direita desse domável bicho quadrúpede, que é o quadrívio pitagórico.

Joguinhos. Escrevi e publiquei anos atrás um pequeno volume sobre jogos numéricos, em forma de história de ficção. Lá, recomendo que os jogos numéricos propriamente ditos não devem tomar muito tempo de sala de aula, para que não se instale a sensação de retorno ao jardim de infância, que deve primar pelo bem-estar da criança através da diversão. Na escolar regular, a hora do passatempo é o recreio. Mas é claro que o professor pode usar algum espaço da aula para mostrar como os alunos podem praticar jogos numéricos, propondo que façam isso fora da aula normal.

Um tipo fácil e enriquecedor de jogo é o da *Expressão Numérica*. O aluno constrói com cartolina um dado de 20 faces, que é um icosaedro, e numera essas faces duas vezes de 0 a 9. Ele e seu parceiro de jogo tiram par ou ímpar nos dedos para decidir quem começa. Quem começar, vai jogando o dado e pegando os valores da face superior, para copiá-los no esquema da expressão, conforme segue.

9 + [... (... + ...) + ...] - ...

O aluno X, que começou o jogo, vai preenchendo os espaços indicados pelas reticências com os valores tirados no dado icosaédrico – o valor antes do primeiro parêntesis é, obviamente, um número a multiplicar, porque parêntesis significa "vezes". Resolve a expressão resultante e anota o total. Depois o aluno Y, seu parceiro, faz a mesma tarefa, preenchendo os cinco números do esquema, copiado em outra folha de papel – o valor 9 no início é para garantir total positivo. Quem obtiver maior resultado ganha a partida.

Outro jogo é o da *Soma Algébrica*. Neste caso os alunos devem estar cursando já o sétimo ano, ou o sexto, se já estudaram números relativos aí. O dado icosaédrico é numerado duas vezes de 0 a 9, mas na primeira vez, primeira metade das faces, os números são escritos em azul, e na segunda vez, segunda metade, são escritos em vermelho. Quando sair azul no topo, é número positivo, sendo negativo quando um número vermelho sair. Os alunos de nomes X e Y traçam uma linha vertical na folha de papel e escrevem no topo dessa linha X à esquerda e Y à direita, para abaixo desses nomes marcar os resultados. O aluno que ganha o "par ou ímpar" começa lançando o dado e pegando o valor que aparece, para escrevê-lo em sua coluna, sob seu nome, com sinal "+" se positivo ou com sinal "-", se negativo. Em seguida, o outro aluno joga, e também escreve o número. Depois que cada um jogar sete vezes, eles fazem a soma algébrica de cada coluna. Quem tiver maior valor relativo ganha a partida.

Escola. O MEC, Ministério da Educação, absorveu aquela iniciativa dos governantes que decidiram obscurecer e prejudicar o ensino da Matemática por desmantelar sua sustentação, que era o aprendizado de Geometria.

Não há outro caminho para resgatar o ensino e para curar os jovens acometidos de aritmofobia se não o do resgate da Geometria na escola.

Enquanto a alta administração não aceitar corrigir seu erro, os sistemas locais podem iniciar a recuperação. O currículo do ensino do terceiro triênio, o antigo curso ginasial, conta com seis aulas semanais de Matemática, ao lado de seis aulas semanais de Língua Portuguesa e números menores para as outras disciplinas. Ora, entregando ao professor de Matemática a "obrigação" de desenvolver seus tópicos de Aritmética e Álgebra sem desprezar os de Geometria, a escola não sairá do alçapão em que a lançaram. Mas as diretorias regionais de ensino, as secretarias municipais, as secretarias estaduais e até as unidades escolares, por conta própria podem organizar uma distribuição de aulas que contornem o insidioso obstáculo.

Como o número de aulas semanais é par, seis aulas, a escola (se não algum sistema que esteja acima) pode decidir, como projeto próprio, que cada turma de alunos terá dois professores de Matemática, um de Álgebra (que embute Aritmética), com nome de Matemática, e outro de Geometria, cada um com três aulas semanais. Uma escola com oito turmas, perfazendo 48 aulas semanais de Matemáticas, não entrega 24 aulas de quatro turmas para um professor e outras 24 das outras quatro turmas para o outro. Atribui aos dois professores aulas nas oito turmas, cada um ministrando três por turma. Se preferirem, os professores podem dividir a incumbência, ficando um apenas com Geometria e o outro apenas com Álgebra. Mas eles podem também alternar: na turma 7A joão leciona as três aulas de Geometria e Lúcia leciona as três aulas de Álgebra, invertendo os papéis na

7B. É mais cômodo e prático, porém, que João pegue Geometria nas oito turmas, e Lúcia pegue em todas as oito apenas Álgebra. A prioridade na hora de escolher cabe, como é praxe, ao professor com maior pontuação de tempo e títulos.

No momento de entregar as médias bimestrais, como as matérias não são ainda separadas pelo sistema, mas apenas pela unidade escolar, João e Lúcia fazem a média aritmética de cada aluno, fundindo as duas notas. Se André obteve 6 em Geometria e 9 em Álgebra, a média nas duas matérias será 7,5, que será transformada em 8 se o sistema exigir nota inteira - se fosse, por exemplo, 7,3, o arrendondamento seria para baixo, valendo 7, conforme a regra universal.

Propaganda. O professor de Matemática, tanto esse que fica com Álgebra quanto o que fica com Geometria, deve, sempre que possível, recordar a si mesmo que deve fazer em sala de aula propaganda de sua matéria, convencendo os alunos da importância e da necessidade de estudá-la. E deve sempre recordar tópicos antigos que tenham fugido da memória dos alunos e dos quais eles necessitem no momento. O professor usa os conteúdos frequentemente, mas os alunos estão em outra situação.

Um alerta que deve ser feito às autoridades da unidade escolar, assim como aos docentes e aos pais, é que, se os alunos ainda não estudaram Geometria, e tem no sétimo ano, pela primeira vez, a matéria ministrada por um professor específico, as notas do primeiro bimestre serão baixas, talvez muitíssimo mais baixas que as notas de Matemática até então. O motivo é a linguagem diferente, com profusão de vocabulário grego, além de um novo tipo de aprendizado, que é o da organização espacial teórica. No segundo bimestre, porém, as notas já se igualarão às de Álgebra, e a partir do terceiro bimestre serão maiores, se os alunos se dedicarem.

A unidade escolar que tomar a decisão recomendada aqui verá em pouco tempo seus alunos apresentando resultados espetaculares nas Olimpíadas de Matemática.

10. A etiologia

Há de chegar o momento de revelar o fulcro de todo o problema. É agora.

Quando formando de Matemática, organizei junto a meus colegas a I Semana de Educação Matemática. Como o prédio do Instituto era novo, apenas com uma ala funcionando, não tínhamos auditório, de modo que pedimos de empréstimo o do Instituto Oceanográfico. Lá é que realizamos as palestras e seminários da Semana. Eu tinha lido uma revista do Canadá, falando da realização lá de um colóquio com o mesmo propósito. Daí é que veio a ideia de reproduzir aqui o evento.

Convidamos os principais autores de livros didáticos do ensino básico, como meus amigos Osvaldo Sangiorgi, Luiz Barco e Ruy Giovanni, meu professor Scipione Di Pierro Netto, o Professor Ubiratan D'Ambrósio, da Unicamp, e outros nomes importantes da área.

Designamos para compor a mesa com os convidados o colega Mário Takazaki, e fiz questão de ficar na plateia, pois na mesa os organizadores perdem mobilidade. No último dia pedi a palavra, do lugar onde estava. Em minha fala tratei da aritmofobia. O Professor Ubiratan disse que pendia para o termo Matofobia, como tradução de Mathematical Anxiety. Explanei a visão que eu cultuava até então, que era de ser aquele um problema latino, dos países de língua latina. Alguns na plateia resmungaram, provavelmente discordando de meu ponto de vista. O auditório estava lotado, e o Professor Samuel Pfrom Netto, do Instituto de Psicologia, que estava sentado no fundo, sem que eu tivesse visto até então, levantou-se em minha defesa. Ele disse:

- O professor tem razão, porque em minhas andanças pelo mundo faço enquetes, perguntando em sala de aula se os alunos gostam de Matemática. Na Dinamarca, um aluno de cada classe levanta a mão para dizer que não gosta. No Chile, um só aluno também levanta a mão, mas para dizer que gosta.

A plateia acatou o argumento do Professor Samuel. Quanto a mim, continuei investigando, tentando descobrir a origem do transtorno.

Refinamento. Anos depois, lecionando numa turma de primeiro ano do Ensino Médio, na Vila Sônia, São Paulo, recebi a queixa por parte dos alunos de que eles estavam tendo notas baixas porque os exercícios que eu punha na prova eram de nível muito alto. Era o início do ano e estávamos ainda em fase de recordação dos temas ginasiais, que eles não dominavam.

Eu estava acostumado com minhas turmas da Granja Vianna, que eu acompanhava anos a fio. Nessa turma da Vila Sônia, cada aluno vinha de uma escola diferente e, se um sabia alguma álgebra, dez não sabiam quase nada.

Em casa, pensei: "Eles podem estar com a razão, e meus exercícios podem estar exigindo muito."

Na aula seguinte avisei que faria uma prova sem exercícios meus, mas apenas de questões retiradas de livros. Fiz isso e, de fato, a média da turma melhorou um pouco, não substancialmente. Conto o episódio aqui porque fiz várias descobertas ali. Uma foi que meus exercícios não eram difíceis, mas os dos livros didáticos são muito fáceis (talvez por uma questão comercial).

A outra descoberta me deu um susto.

Para que soubessem que eu não tinha incluído nenhum exercício meu, escrevi na prova, ao final de cada questão, o nome do autor, livro e página de onde tinha vindo o exercício. Qual foi a surpresa? Na hora de montar a prova não vi nada de especial, mas quando fui corrigi vi que os nomes dos autores, das cinco questões, eram todos italianos, começando por Sangiorgi.

Levantei-me e fui até minha estante. Não eram só aqueles cinco autores. Quase todos os livros didáticos de Matemática que eu possuía eram de autores "oriundi". Não me lembro neste momento de nenhum que não tivesse origem italiana, embora existisse.

Lembrei-me imediatamente de Fibonacci, Luca Pacioli, Arquimedes de Siracusa, Galileu e Cavalieri. Girei a mente para a França e lembrei Viète, Descartes, Pascal, Legendre, Lagrange, Cauchy, Condorcet, Galois, Poincaré, Dieudonée e muitos outros.

Então procurei na mente nossos matemáticos de cultura ibérica. Lembrei meus professores, com destaque para Newton da Costa, maior lógico da América do Sul, autor da Lógica Paraconsistente, que não tinha ainda este nome quando tive aula com ele. Os poloneses deram a denominação depois.

Por mais que lusófonos e hispânicos na América tenham contribuições à Matemática, só muito recentemente houve um reconhecimento, com a Medalha Fields (prêmio máximo da área) sendo entregue ao Professor Artur Ávila, IMPA-RJ, em 2014.

O problema da aritmofobia, percebi naquele dia, não é latino, mas apenas da cultura ibérica. Restava continuar a investigação para localizar o começo de tudo.

Muçulmanos. Com o tempo, passei a incorporar tarefas extra-numéricas aos itens de avaliação, para compor a nota dos alunos no fim do bimestre. Por exemplo, às vezes cobrava redação sobre algum tema. Isso entrava como ponto a mais ou como uma fração da nota, dez por cento, por exemplo. Em dado ano, 1996 ou 1997, pedi, no fim do primeiro semestre, que os alunos escrevessem um texto especulando sobre a origem da rejeição à Matemática por parte dos lusófonos e hispânicos.

Vim para o recesso de julho com um maço de quase 400 textos para corrigir. Na volta à aulas avisei que ninguém tinha descoberto a origem do problema, mas que foi de muita valia o esforço deles. Não descobriram, mas empurraram minhas conclusões para uma solução definitiva. Eles falaram muito de história, de nossas dificuldades de formação como um país, de nossas ligações com Portugal.

O que percebi naqueles dias é que a questão é de História mesmo. Não dos fatos históricos em si, mas da interferência desses fatos no modo de vida das pessoas, trazendo consequências que persistem por séculos.

O problema estava na colonização, mas não na nossa. A leitura dos textos dos adolescentes me fez lembrar que antes de sermos colônia dos ibéricos, eles foram colônia dos árabes. Aí estava a chave.

No ano 711 iniciou-se a ocupação da Península Ibérica pelos mouros, os muçulmanos que já dominavam a Península Arábica e todo o Maghreb, que é o norte da África.

Apenas meio século depois, em 761, al-Mansur, o Vitorioso, pai de al-Mahdi e avô de Harun al-Rashid, fundou Bagdá, nome que em persa significa "divina dádiva".

Entre um empreendimento e outro, os árabes tentaram, usando a Península Ibérica como ponta de lança, tomar a França, quando foram derrotados na Batalha de Poitiers, de 732. Sem essa vitória de Carlos Martel, em nome da França, toda a Europa quase certamente teria sido tomada pelos muçulmanos. Por isso é que a Igreja Católica de Roma concede àquele chefe guerreiro o título de "Herói da Cristandade".

Sem o pretendido domínio da França, os árabes optaram por usar os ganhos financeiros que fluíam do Maghreb e da Península Ibérica para fortalecer sua base inicial, do que resultou a fundação de Bagdá, em torno das ruínas da Babilônia.

A sede do califado mundial instalou-se ali.

Com a fundação da Casa da Sabedoria, por Harun al-Rashid, a cidade iniciou sua glória na produção científica, com grandes matemáticos, astrônomos, historiadores e geógrafos, e também na literatura de ficção, com o legado monumental dos contos de "As Mil e Uma Noites".

Tudo ia bem com eles até que um grande guerreiro, treinado para ser braço direito dos chefes dos exércitos na Espanha, recebeu um "chamado" atávico. Rodrigo Díaz de Vivar (1048-1099), levado pelo pai para formar-se nas artes militares com os chefes muçulmanos, apresentou um crescimento muito acima do normal em suas atividades guerreiras. Recebeu dos chefes o apelido de El Sid, o Senhor, isto é, "o Senhor da Guerra", nome grafado depois como El Cid, ou Cid o Campeador.

Não é muito reconhecido até hoje o papel de Ximena, sua noiva, representada no cinema por Sofia Loren (1961, com Charlton Heston fazendo El Cid e direção de Anthony Mann), em sua tomada de posição pela Guerra de Reconquista, mas, certamente, uma mudança grande assim tem sempre por base uma influência decisiva. Em dado momento, El Cid virou o jogo. Com ancestrais cristãos, lá no passado distante, que sentido fazia estar ele agora emprestando sua inteligência e sua força para manter a dominação de Bagdá sobre o Ocidente? Juntou seus homens, os que aceitaram ficar com ele, para defender o território, e tomou a região de Valência, em 1094.

Aquele foi o empurrão inicial para a retomada da Península Ibérica pelos cristãos, em batalhas que seguiriam por mais um século e meio. Vários reinos independentes foram sendo criados, como Aragão, Castela, Navarro, Leão e Portugal. Muitos foram juntados depois para formar a Espanha, mas, como sabemos, Portugal resistiu separado.

Um dos grandes ganhos dessa fase foi a formação de escolas de tradutores, que vertiam do árabe para o latim muitas obras histórias que os muçulmanos haviam traduzido e mantido do grego. Entre essas entidades estavam a Escola de Toledo e a Escola de Amalfi. Os documentos mais importantes eram justamente livros matemáticos.

Após grandes e numerosas batalhas, os árabes foram finalmente expulsos da Península Ibérica, no ano de 1249, em conflito ocorrido em Portugal.

Nove anos depois, Bagdá caiu, sob Hulagu, neto de Gêngis Khan. Fundou-se 50 anos após a invasão árabe à Península Ibérica e resistiu apenas nove anos após aquele período de meio milênio de colonização.

Doutrina. Toda guerra está baseada no engodo, escreveu Sun Tzu em seu livro *A Arte da Guerra*, do século V a. C. Pode-se imaginar que poderia ser diferente, mas a guerra já é resultado de uma fraqueza humana, montada na ignorância, então o fato de basear-se na mentira, ou no equívoco, não acrescenta mais tragédia à que ela já representa por si só.

Aritmofobia – como curar o horror da Matemática

Como a Guerra de Reconquista foi basicamente uma guerra religiosa – e quase toda guerra o é -, o engodo estava relacionado à doutrina. Não se trata de distorsão nos ensinamentos católicos, nem nos ritos e crenças muçulmanas, mas de acréscimo doutrinário do lado de quem precisava arregimentar forças para mudar a situação, e este era o lado cristão.

Por quase 300 anos as vantagens que os árabes mostravam quanto à cultura e à religião que eles trouxeram convenceram os ibéricos. Em dado momento, a rebelião tomou lugar e aquela doutrinação de três séculos tinha de ser desfeita. Divulgava-se a verdade, mas isso era insuficiente. Divulgue-se então no seio da população algumas mentiras inocentes, que não trarão consequências graves lá na frente. É o que eles imaginavam.

No Brasil não temos nenhuma rejeição ao quibe, ao tabule e aos sobrenomes árabes. Na Península Ibérica um político de sobrenome árabe não tem a facilidade de subir na carreira como tem na América Latina. Aqueles mais de dois séculos finais da colonização contaram com uma intensa campanha de rejeição da cultura árabe. Os vocábulos ficaram, os minaretes ficaram, mas algumas vítimas foram figuras inocentes. A mais injustiçada delas foi o algarismo.

O nome é algarismo, mas o objeto é indu. Para os guerreiros ibéricos, importava o nome: algarismo, que vinha de al-Khwarizmi, coisa árabe.

Isso é muito dolorido, mas é o fato. Não foram os indus, mas os árabes que trouxeram aqueles numerais. Antes, os ibéricos conviviam com os numerais romanos. Retomá-los era parte da reconquista, assim como retomar as terras. Para retomar algo, é necessário demonizar o substituto.

Hoje é importante contar aos jovens, primeiro, que nós temos muito pouco a ver com aquela história. Mesmo os portugueses têm pouco a ver, porque todos aqueles árabes que dominaram a Península Ibérica estão mortos há muitos séculos. Segundo, que os numerais que usamos são indus, tendo apenas sido trazidos por árabes. E, terceiro, que esses numerais são poderosos e dotam de muito poder as pessoas que os dominam e que não têm medo deles.

Napoleão Bonaparte disse que podemos reconhecer as potencialidades de um país pelo investimento que este faz no estudo da Matemática. Hitler, sabendo disso, ditou, para seu escriba Rudolf Hess escrever em um de seus dois livros, que o caminho para fazer os "arianos", que ele pensava que fossem os alemães, dominar os outros povos era proibir esses outros de aprender Matemática avançada. Um lusófono ou um hispânico que continua a ter horror de Matemática está alimentando o sentimento que Hitler queria que ele cultivasse. E tu, leitor, não deves imaginar que alguém que apresentasse pele mais clara teria chance de driblar o racismo do falso alemão. Entre as maquinações que ele ditou a Hess, sabendo que era insuficiente para seus propósitos a acusação de que "mataram Jesus Cristo", estava a justificativa pela qual os judeus deveriam ser odiados: estes eram culpados de trazer os negros para o Vale do Reno, com o objetivo de "enfraquecer o sangue alemão".

No Brasil, por uma jornada quase continental do Professor Sangiorgi, criou-se o consenso entre os professores de Matemática Brasil afora de que o uso de calculadora em aula só deve ser permitido quando os adolescentes estiverem dominando as contas básicas. Quer dizer, enquanto a garotada achar que necessitará de calculadora eletrônica, ela não deve ser permitida. Com a invasão dos celulares, a luta de Sangiorgi está indo por água abaixo. O Presidente Macron sancionou em 2018 na França a proibição de celular em sala de aula. Aqui, o Governador José Serra havia, anos antes, sancionado dispositivo (Lei Estadual 12.730/2007) determinando a proibição no Estado de São Paulo. Agora o Brasil precisa de uma proibição nacional, como foi o caso da França.

Em Portugal, os professores exigem o uso de calculadora em aula. Não sabemos ainda como ficará agora, com o exemplo contrário da França, porque a proibição do celular não é só pela dispersão nas redes sociais e nos vídeos, mas também pelo uso da calculadora como muleta.

Contar nos dedos é sadio, porque não intumesce a memória e o raciocínio. Ao contrário, ajuda o cérebro a desenvolver-se. Com a calculadora o aluno não tem chance de raciocinar, porque o resultado vem pronto, mediante o fornecimento de dados. Se algum dado for digitado com erro, o resultado virá errado. E o aluno pagará pela ignorância.

A propósito, como funciona a tabuada japonesa dos dedos, citada acima? Vejamos. O aluno precisa dominar bem a tabuada de multiplicação até o número 4. Nossa tabuada dos dedos funciona a partir do número 5.

Usamos os dedos como quinas de números. Se numa das mãos queremos expressar o número 7, contamos, a partir do dedo mínimo, 1, 2, 3, 4, 5, sem baixar dedo nenhum. Continuamos a segunda quina a partir do dedo mínimo. Quando contarmos 6, baixamos esse dedo. Quando contarmos 7, baixamos o anular contíguo. O que temos aí é uma mão com três dedos levantados e dois abaixados, representando o número 7 (por isso só representamos a partir do 5, pois não teríamos como distinguir os valores 1, 2, 3 e 4. Vê que o número 5 é representado com todos os dedos levantados, e o número 10 com todos os dedos abaixados.

Agora vem o pulo do gato. Os dedos levantados serão contados como unidades. Os dedos abaixados, como dezenas. Se queremos fazer 7 "vezes"

6, armamos na mão direita o número 7, como descrito acima, com dois dedos abaixados, e na mão esquerda contamos até o 6, baixando só o dedo mínimo. Teremos dois dedos abaixados na mão direita e um na mão esquerda. São três dedos abaixados, formando três dezenas, o número 30. Ficaram três dedos levantados na mão direita e quatro na mão esquerda. Multiplicamos esses dedos: 3*4. O resultado 12 nós somamos com as dezenas, e ficaremos com 30+12 = 42.

Agora tu, leitor, fazes, para praticar, a conta 9*8. O total de dedos abaixados deverá ser sete, formando sete dezenas. O resto é fácil. É somar dezenas abaixadas e multiplicar unidades levantadas. Continua, leitor, praticando outras contas da tabuada do 5 ao 10, mesmo que já a tenhas toda de cor.

11. Casos de resgate

Grandeza. Contando nos dedos, ou usando apenas o cérebro e o lápis, o aluno aprenderá a avaliar ordem de grandeza de números. Com o uso constante de calculadora, milhão, bilhão, quatrilhão, sextilhão, tudo isso tem o mesmo valor, algo grande, que o aluno nunca divisa.

Por falar nisso, o erro de Lógica que as calculadoras de feira apresentam é percebido por muito pouca gente. Ela foi feita por engenheiros, para atender a uma demanda específica, que não inclui alunos ginasianos ou de curso médio. Quando queremos obter um percentual, já incorporado como aumento, temos de calcular esse percentual e depois adicioná-lo ao valor de base. Por exemplo, qual será o novo preço de um produto de valor $ 800 que ganha um aumento de 5%. Calculamos 5% de 800, chegando a 40. Em seguida somamos ao valor de base, 800. O resultado é 840. Para segundanistas do Ensino Médio, ou mais, nós ensinamos a multiplicar 800 por 1,05 (este último valor significa 100% mais 5%) Na calculadora de feira, o usuário digita 800, aperta o símbolo "+" e, em seguida, digita 5 e aperta o símbolo "%". Usando Lógica, ele está somando 800 com 5 centésimos, o que dá 800,05. O resultado da calculadora, ilógico, dá 840. Ela pressupõe que quando o usuário apertou "%" depois de digitar 5, está querendo somar esse resultado ao valor 800. É uma brincadeira perigosa que nos círculos de estudiosos da educação chamamos de "matemágica". Fujamos dela!

É claro que quando o aluno se diverte com seu celular nunca pensa nos criadores dessa peça eletrônica. Não lhe passa pela cabeça que cada vez que ele pressiona com o dedo algum ícone, para realizar alguma ação, isso tem resultado por causa de funções matemáticas que os programadores utilizaram na montagem do sistema. Nenhum som, nenhuma imagem, nenhum resultado, seja de que tipo for, surgirá sem um trabalho matemático por trás.

- E o que eu tenho a ver com isso? - pergunta o jovem.
- Tens muito a ver, diz seu professor.
- Eu não quero ser programador, nem de celular nem de computador.
- Nem eu quero que tu te tornes um deles, mas se começas a descartar as possibilidade de futuro, pode ficar sem futuro nenhum.
- Duvido. O que quero como carreira não depende de Matemática. Quero ser jogador de futebol.

O professor passa a explicar ao aluno que o Brasil ganhou cinco campeonatos mundiais de futebol masculino quando o país ainda cultivava um mínimo de Geometria na escola. Sem nenhum conhecimento de Geometria, o alfabeto da Matemática, os jogadores fazem gol sem ter ideia do porquê. E sem conhecimento de causa os resultados são medíocres.

- É por isso que o Brasil parou de ganhar a Copa?
- É o principal motivo.
- E como fazer para voltarmos a ganhar?
- Há duas possibilidades: o Brasil volta a dar importância à Geometria, ou os países concorrentes destroem sua própria educação, como o Brasil fez. Daí ficaremos todos em pé de igualdade.
- Isso é muito triste.
- É claro, mas começa fazendo tua parte, estudando Geometria, Aritmética e Álgebra.

Revisões. Uma senhora deu depoimento a um jornal tempos atrás explicando porque desenvolveu o problema da "ansiedade matemática".

Até o nono ano sempre teve bom desempenho na matéria, mas quando entrou no Ensino Médio seu professor era um homem de fraca didática e muito exigente, e ela teve aula com ele nos três anos do curso. Foi com esse professor que ela se viu acometida de aritmofobia.

Ora, ela nunca saberá que foi enganada no nível fundamental. É possível afirmar com segurança que o que ela teve lá como Matemática não era Matemática, mas apenas uma sombra da matéria. Se o professor de Matemática tivesse cumprido a determinação oficial de ensinar os capítulos de Geometria, de forma bem trabalhada, ela estaria salva de desenvolver a doença depois. A incumbência jogada na mão do professor ginasial é descabida, porque o que funciona é a matéria Geometria dada em separado, mas quando fizeram a fusão o professorado não reclamou.

No Ensino Médio não importaria a didática do professor, porque o que o aluno tem de aprender aí é apenas um complemento da Matemática do nono ano. Tudo não passa de um rol de fórmulas e um conjunto de conceituações e técnicas que, para quem aprendeu a Geometria e a Álgebra do curso fundamental, são facílimas. Tomemos o exemplo da multiplicação de matrizes. A grande dificuldade dos alunos nesse tema, e que faz com que tirem nota baixa, é o domínio de uso de sinais na multiplicação de inteiros. Se o aluno veio com esse treinamento dos anos anteriores, tudo não passa de um joguinho divertido. Capítulos como trigonometria e geometria analítica exigem conhecimento prévio de Geometria, certamente. O professor de Ensino Médio pode tentar suprir lacunas dos que foram ludibriados no nível fundamental, mas terá pouco tempo hábil para isso enquanto ensina os capítulos do programa regular.

Cientes desse problema, eu e um colega docente decidimos iniciar nossas turmas de primeiro ano do Ensino Médio com uma semana de revisão do curso fundamental com ênfase nos aspectos geométricos. No primeiro ano foi assim, mas nos anos letivos seguintes vimos que era tempo curto demais, e decidimos ampliar o período para um mês. Mais à frente, um mês e meio. Nessas semanas, "revisávamos" toda a Álgebra do fundamental usando teoremas da Geometria. Escrevi a palavra "revisávamos" entre aspas porque para a imensa maioria era tudo novidade.

Para revisar proporções, usávamos o Teorema de Tales e a semelhança de triângulos. Para estudar equação do primeiro grau, usávamos diversos outros teoremas, como o do ângulo inscrito, o do quadrilátero circunscrito, o da soma dos ângulos internos do triângulo, a definição de ângulos complementares, etc. Para percentagens, usávamos comprimentos e áreas. Para sistemas de equações, usávamos o teorema do ângulo externo e o dos ângulos de duas secantes. Para equação do segundo grau, usávamos potência de ponto e o Teorema de Pitágoras. Com vistas a termos equações quadráticas completas, as medidas não vinham apenas com a incógnita x, como nos livros do nono ano, mas com expressões do tipo $x+1$, $2x-3$, etc., que, depois de elevadas ao quadrado, resultam em polimômios completos de segundo grau.

Certa aluna que ficou com notas muito baixas no primeiro semestre, algo como 1 ou 2, passou a ter no segundo semestre apenas notas altas, de 8 a 10. Sentei-me com ela para ter uma conversa.

- És boa aluna de Matemática, então por que no primeiro semestre tuas notas eram tão baixas?

- Eu não tinha como ter boas notas no início, professor.

- Por que não?

- Porque eu não sabia quase nada de Matemática. Então decidi prestar atenção, anotar tudo, fazer o máximo que eu podia e ter confiança em mim.

- O esforço deu resultado.

- Sem dúvida. Toda a revisão de Geometria e Álgebra que o senhor passou abriu uma luz em minha cabeça.

Tempos depois tornei-me coordenador da escola. Desencontros com a burocracia da Secretaria da Educação fizeram com que eu saísse temporariamente da unidade. Passei três anos numa escola próxima. Quando voltei, os colegas tinham reorganizado o programa da matéria, adequando-o ao que os burocratas da Diretoria Regional, antiga Delegacia de Ensino, sempre tentaram impor. A fase de revisão tinha sido abolida. A escola, que era a melhor entre as estaduais do Estado de São Paulo, atestada em vários indicadores, passou a ser não apenas igual, mas inferior, às unidades da região.

Poliedros. Já estávamos na época do acirramento da aritmofobia quando ocorreu um caso emblemático em minhas aulas. Era uma turma de segundo ano de Ensino Médio e nela havia um aluno que sequer olhava para a lousa, mas que gostava muito de Filosofia. Sempre estava com o livro de algum pensador antigo na mão. Ele não cursou o primeiro ano na unidade escolar, e não passou, portanto, por nossa revisão de Geometria.

Um dia em que ia começar novo capítulo, antes de escrever o assunto na lousa avisei o que iria fazer.

- Hoje vamos iniciar o tema Poliedros de Platão (depois escrevi o título na lousa).
- Como assim, professor? Poliedros de Platão?
- Exatamente.
- É o filósofo grego? De Atenas?
- Com certeza. Ele foi um grande geômetra.

O aluno, que se sentava no fundo da classe, nesse momento mudou-se para uma carteira mais à frente da classe.

Ganhei um aluno que estava perdido. Ganhei? Não. Platão ganhou.

Ele passou a dedicar-se à matéria. Obter nota não foi mais problema para ele.

Fagulha. A Geometria tem esse apelo, de ser o tema de estudo de Platão, e de muitos cérebros notáveis. Mas às vezes o visgo para amarrar o aluno à Matemática está em tópicos que sequer valorizamos muito, diluídos que estão em meio a tantos assuntos que temos de ensinar.

Certa vez recebi um aluno de oitavo ano transferido de uma escola particular muito cara. Já nos primeiros dias percebi o motivo da transferência. O pai era um engenheiro, morador de uma mansão na mesma rua da escola, mas o menino, ao contrário do pai, não dava a devida importância à Matemática. Era um aluno que não gostava de estudar. Não cumpria as tarefas escolares. Por um bimestre inteiro ele atrapalhou a aula.

No início do bimestre seguinte, entrando em novo capítulo, avisei: Hoje vamos iniciar o capítulo de Sistemas de Equações. Depois escrevi isso na lousa.

Ele parou de fazer barulho, de perturbar os colegas, e veio perguntar o que significava esse tema. Ele gostou da palavra "sistemas". Filho de engenheiro, era termo comum nas conversas que ele ouvia em casa.

Imagino que tenha sido este o motivo do interesse dele.

Desde aí, ele ia fazendo todas as tarefas que eu passava. Um dia ele veio conversar comigo dizendo que o pai pediu para, se possível, eu passar mais exercícios. Atendi. Meses depois, numa reunião de pais e mestres, o pai dele elogiou meu trabalho frente ao professor de História, que era o professor coordenador da turma do garoto, e pediu que o professor comunicasse isso a mim.

Em outra turma, também de oitavo ano, naquele mesmo ano letivo, uma menina que não gostava de fazer lições nem acompanhar as explicações, encantou-se com o método de al-Khwarizmi. Quando terminei os exercícios de fatoração, disse que mostraria como resolver equação do segundo grau pelo completamento do quadrado perfeito. Fiz um exemplo na lousa. Ela não se desligou sequer um segundo daquela explicação. Passei alguns exercícios e ela fez.

Decidi ficar mais tempo no tema, porque ele é rico algebricamente e faz com que o aluno adquira base para novas aventuras na Álgebra.

A garota fez todas as equações que passei, mais de cinquenta, sempre acertando. Obviamente, mostrei como conferir se a resposta estava correta (se não lembras, em $ax^2+bx+c=0$, com os dois resultados em mãos, se eles existem, o produto é igual a **c** e a soma é igual a -**b**). Pensei: esta é uma aluna que foi ganha para a Matemática. Ledo engano.

Entrei em novo capítulo e esperei a reação positiva dela. Voltou a ser a mesma menina desligada de antes. Estou falando de uma época em que ao aluno do Ensino Fundamental era dado o poder de aprender ou não, de acordo com seu gosto. Se a nota fosse zero no fim do ano, a promoção para a série seguinte estava garantida, sem percalços e sem que o aluno carregasse pendências. O que não estava garantido era um meio de vida razoável para aqueles que jogavam fora seu tempo mais precioso para a aprendizagem, que são a infância e a adolescência.

Inimaginável. Outro caso foi o de uma aluna que chegou a uma sala minha, transferida de outra escola, lá pelo segundo mês do ano letivo. Era uma turma de sétimo ano.

Ela se sentava na fileira da frente, perto da mesa do professor, e sempre cumpria as tarefas. Era aluna exemplar, com notas azuis em todos os bimestres.

Na última reunião de pais e mestres do ano, a mãe dela fez questão de ir à sala em que eu estava, que não era a da menina, para conversar comigo.

Disse a mãe que a filha sempre se deu mal em Matemática. Em todos os anos o problema se repetia: notas baixas, rejeição à matéria, falta de ânimo para fazer tarefas, e todas essas dificuldades que as crianças apresentam diante da matéria quando ainda não foram ganhas para ela.

Tive muita dificuldade de acreditar, mas não tinha porque duvidar daquela mãe, que se sentia verdadeiramente agradecida ao professor que finalmente fez a filha perder o medo da Matemática, conforme o dizer dela. Eu contei que comigo ela sempre teve bom desempenho e eu não podia adivinhar que tivesse o problema da rejeição antes.

Penso hoje nos motivos que fizeram a menina rejeitar a Matemática até ser minha aluna. Vejo três hipóteses possíveis. Uma, havia por algum motivo um acometimento da patologia, desde cedo, e faltava alguém que a incentivasse a escapar daquilo. Outra, ela, por azar, teve à frente dela, até aquela altura, professores que tratam muito mal a própria Matemática (uma vez que deixei uma escola para vir lecionar mais perto de casa, fui substituído por uma professora que exigia que os alunos memorizassem tudo, com desprezo pelo raciocínio e pela dedução, provocando como resultado que gente que só tirava 1 e 2 comigo passasse a tirar 9 e 10, enquanto que bons alunos passaram a ter nota medíocre). A terceira hipótese, que sempre fazemos figa para não ser verdadeira, mas que, infelizmente, pode ter sido ela a valer, é a atitude racista. Aproximadamente 1% dos professores cultiva racismo mórbido, explícito ou não. A menina era uma mulata bonita, mais para negra que para parda. (Por favor, leitor, despreza o preconceito contra a palavra "mulato", porque aquele caso aconteceu no Brasil. Asseguro que essa recomendação de evitar a palavra "mulato" foi coisa de gente racista. No Brasil não somos binários quanto à etnia, como alguns querem impor a nós. Sem negar nem camuflar as miscigenações, temos de manter nosso entendimento de que somos negros, brancos, mulatos, índios, cafusos, mamelucos, pardos, semitas, eslavos, indianos e orientais, lutando para que a contaminação racista não envenene nossa convivência e, daí, impeça que eliminemos em definitivo os focos de doutrinação racial que pululam aqui e ali.)

Para a Matemática, não existe cor de pele preferencial. Isso existe para o indivíduo racista, não para a ciência. Negros, mulatos e índios podem ganhar Medalha Fields, assim como podem ganhar campeonato mundial de Fórmula 1. Se hoje a Medalha parece distante é porque o mundo científico começou ao norte, na Grécia, migrando para a Arábia e depois para a Europa Ocidental e a América do Norte, não tendo fincado raízes ainda na África. O Japão e a China já estão integrados. Grandes matemáticos indianos já mostraram suas potencialidades, desde há muitos séculos. As populações da África subsaariana também serão integradas. Hitler sabia que em todos os povos há gente capaz, e por isso é que tinha o plano de dominar através do boicote e da sonegação de informação. Sim, o aprendizado ocorre por empatia. Na frente de um professor racista, a criança que se sente rejeitada vê-se bloqueada. O racismo é uma das maiores barreiras contra o progresso humano.

Suponhamos que surja uma doença contagiosa fatal e de alastramento veloz e que a única pessoa com todo o potencial para decifrá-la e vencê-la seja alguém de etnia rejeitada por racistas. Suponhamos que um professor racista tenha negado a essa pessoa o acesso a um título mínimo que lhe permitisse alcançar os canais dentro dos quais ela mostraria sua habilidade. Suponhamos que ninguém saiba desse professor racista, e que nem mesmo a pessoa prejudicada tenha tido consciência de que foi vetada por ele, achando que sua nota baixa deveu-se a uma incompetência sua. Ora, um mero cidadãozinho melanofóbico, sentindo-se semideus, e tentando agir como tal, propiciou a dizimação da humanidade, por puro racismo. Pensemos, leitor, em quanto os países das Américas vêm desperdiçando em potencial humano por deixar no meio do caminho pessoas capazes cujo fenótipo desagrade os racistas que têm poder de decidir caminhos alheios.

Sempre fui incentivador e entusiasta das Olimpíadas de Matemática. Apoiei muito o trabalho do Professor Shigeo Watanabe, cujo filho era meu amigo na faculdade. Conversei com o professor apenas uma vez, mas devia ter tido mais contato com ele. Ele foi o criador da Olimpíada Estadual de Matemática de São Paulo. Hoje temos, ao lado da Olimpíada Brasileira de Matemática, geral e mais antiga, a OBMEP, Olimpíada Brasileira de Matemática das Escolas Públicas, criada por Iole de Freitas Druck, uma amiga de muitos anos. A OBMEP tem sido disputada por cerca de 20 milhões de alunos em cada ano, e tem revelado potencialidades nas regiões mais inesperadas. Se um professor se acha no direito de travar o caminho de um aluno estudioso e hábil, por outros caminhos esse aluno pode ser levado ao lugar a que faz jus.

Súmula. Perto do fim do século XX elaborei para meus alunos que chegavam ao Ensino Médio com lacunas no aprendizado do Ensino Fundamental, de primeiro a nono ano, um rol de 20 técnicas necessárias que eles deveriam ter trazido do curso anterior para que, caso identificassem os tópicos ausentes em seu aprendizado, cuidassem de preenchê-los. São as seguintes as 20 técnicas.

1) Operações com números naturais (zero no quociente, resto da divisão, etc.)
2) Critérios de divisibilidade (por 2, 3, 4, 5, 6, 7, 8, 9 e 10)
3) Números primos (Crivo de Eratóstenes e decomposição)
4) Cálculo de MMC por decomposição em fatores primos
5) Cálculo de MDC por divisões sucessivas
6) Operações com frações
7) Operações com numerais decimais (vírgula sob vírgula, ajuste das casas, etc.)
8) Potenciação de frações e de inteiros
9) Prioridade de operações e parênteses
10) Proporção, regra de três e percentagem (ou porcentagem)
11) Jogo de sinais em parênteses, traços de fração e módulos.
12) Propriedade distributiva e operações com monômios
13) Fatoração algébrica (tirar fator em evidência, quadrado perfeito, etc.)
14) Simplificação de expressões e de frações algébricas
15) Substituição em fórmulas (valor numérico) e em sistemas de equações
16) Cancelamento em expressões e sistemas
17) Simplificação de radicais e racionalização
18) Resolução de equações e inequações de primeiro grau
19) Resolução de equações e inequações de segundo grau
20) Resolução de equações irracionais, biquadradas e literais
(*) Divisibilidade por 7: retira o último algarismo e dobra-o; subtrai-o do número truncado; faz isto até que o resultado tenha apenas um dígito; se seu valor absoluto for 0 ou 7, o número é divisível por 7. Exemplo: para o número 1792, fazemos 179-2*(2)=175; 17-2*(5)=7; 1792 é divisível por 7.

Se o necessário rigor de linguagem é desprezado no momento em que o aluno escreve expressões matemáticas, por mais que seu tino para acertos numéricos esteja funcionando, ele compromete seus argumentos se pretender questionar a correção que o professor faz de suas provas. Muitas vezes, por não dar atenção à escrita, o aluno diz exatamente o contrário do que pretendia. Aqui estão os doze tipos mais comuns de erros que os alunos cometem, às vezes até por tentar mimetizar práticas pouco recomendáveis cometidas por outrem. Convém esforçar-se, mediante treinamento e atenção, para evitar as 12 falhas abaixo, que grandes multidões de alunos cometem.

1. *Colocar* um denominador único sob a equação e, pior, cancelá-lo: põe $(2x+1)/3=(2-x)/3$.
2. *Cortar* com o denominador uma *parcela* sobre o traço da fração: $(4+x)/4$.
3. *Cancelar* denominador num número qualquer, fora de equação-inequação: $7/2$ não é 7.
4. *Desrespeitar* a ordem das operações – evita sempre somar antes de multiplicar.
5. *Multiplicar* número por uma soma indicada sem pôr os parênteses.
6. *Dividir* número por expressão que tem valor 0.
7. *Confundir* a função com o argumento da função – sen30° não é 30°.
8. *Inverter* o sentido da implicação, transformando-a em equivalência.
9. *Escrever* o símbolo de implicação ($\rightarrow$) entre números (é só entre sentenças).
10. *Relaxar* na proporcionalidade de segmentos, e. g., em eixos de gráficos.
11. *Usar* o símbolo "=" entre valores diferentes - e. g., soma não é média.
12. *Considerar* que há parênteses onde eles não existem: -3^2 não é $+9$.

O aluno que completa o nono ano deve também ter domínio das sete propriedades das potências de números reais. Seus nomes são, respectivamente, (1) produto de potências de mesma base, (2) divisão de potências de mesma base, (3) potência de potência, (4) distributiva da potência na multiplicação, (5) distributiva da potência na divisão, (6) potência de expoente negativo e (7) potência de expoente fracionário. Tomando-se valores **a**, **b** em R-{0, 1}; **x**, **y** em R e **n**, **p** em Z-{0} (Z: inteiros), essas propriedades são as seguintes:

1. $a^x * a^y = a^{x+y}$ (ex.: $3^m * 3^4 = 3^7 \Leftrightarrow 3^{m+4} = 3^7 \Leftrightarrow m+4=7 \Leftrightarrow m=7-4 \Leftrightarrow m=3$)
2. $a^x / a^y = a^{x-y}$ (ex.: $2^m / 2^3 = 2^5 \Leftrightarrow 2^{m-3} = 2^5 \Leftrightarrow m-3=5 \Leftrightarrow m=5+3 \Leftrightarrow m=8$)
3. $(a^x)^y = a^{x*y}$ (ex.: $(5^2)^3 = 5^{2*3} = 5^6$)
4. $(a*b)^x = a^x * b^x$ (ex.: $(3*5)^2 = 3^2 * 5^2$)
5. $(a/b)^x = a^x / b^x$ (ex.: $(3/7)^3 = 3^3 / 7^3$)
6. $a^{-x} = 1/a^x$ (ex.: $5^{-2} = 1/5^2 = 1/25$)
7. $a^{n/p} = \sqrt[p]{a^n}$ (ex.: $\sqrt[5]{3^m} = 3 \Leftrightarrow 3^{m/5} = 3^1 \Leftrightarrow m/5=1 \Leftrightarrow m=5$)

Aritmofobia – como curar o horror da Matemática

Em uma dúzia de capítulos procurei explanar o problema do horror à Matemática, mostrar como ele se acentuou nos últimos tempos, trazer os remédios psicológicos e didáticos necessários, e decifrar a origem do transtorno, já que o entendimento de um defeito só estará completo quando descobrimos o que o origina. Procurei usar o mínimo possível de notações da Álgebra simbólica, uma vez que a ideia aqui não é ensinar Matemática, mas discutir o que faz dela um bicho-papão para muita gente.

Busquei também escrutinar o ensino e a aprendizagem da Aritmética nos anos finais do curso primário e na passagem deste para o nível seguinte, o velho curso ginasial, ou liceu júnior, pois é nessa fase que a criança tende a quebrar sua relação amigável com o assunto, o que ocorre quando no currículo não há destaque para a Geometria.

Os sérios prejuízos que as sociedades têm por cultivar essa desvantagem não são novidade e são de conhecimento geral. Há muitos estudos no caminho da solução e este que apresento aqui é, obviamente, mais um, o que não quer dizer que é um qualquer, porque estão aqui desenterradas as raízes do mal, o que nos permite, finalmente, implementar uma política profilática eficiente.

No que se refere ao momento de aprender Matemática, a família, a escola e o aluno devem evitar antecipar muito e também o contrário, postergar muito: crianças de nove anos não estão prontas ainda para aprender demonstração de teoremas de Geometria, enquanto que o aprendizado de adição de frações não deve ser deixado para alunos adultos, de 30 anos ou mais. Um adulto pode aprender isso, mas aquilo que a criança aprende na brincadeira o adulto aprende no sofrimento, com dificuldades que causam pena. Obviamente, estudar os tópicos no tempo certo é o mais recomendável. Temos de pensar nos quatro graus do desprendimento do espírito, de Benedetto Croce. Para ele, a sequência de desenvolvimento da inteligência humana é esta: Estética, Lógica, Economia é Ética. Na escola básica, a Estética organiza-se através da Geometria e da Música. Quanto à Lógica, esta vem através da Álgebra, que se segue à Aritmética.

Vamos aplicar todas as vacinas, e não nos deixemos desanimar!

@cacildo

www.ingramcontent.com/pod-product-compliance
Lightning Source LLC
Chambersburg PA
CBHW071606220526
45469CB00003B/1131